3時間でわかる漁業権

加瀬和俊 著
一般財団法人　農村金融研究会企画

筑波書房

巻頭図１．漁業権図

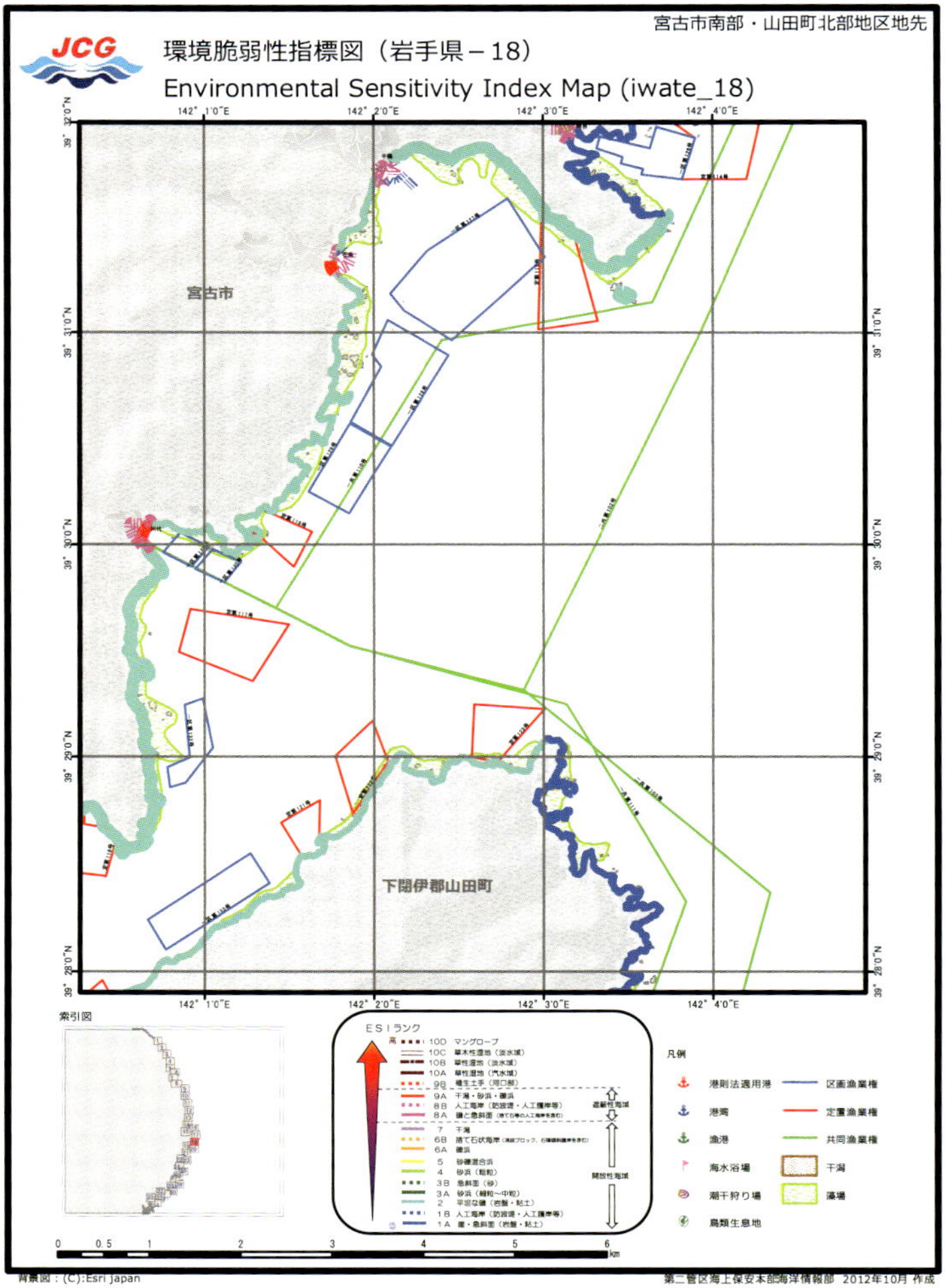

背景図：(C):Esri japan

第二管区海上保安本部海洋情報部　2012年10月 作成

（海上保安庁）

巻頭図２．漁業権図（共同漁業権）

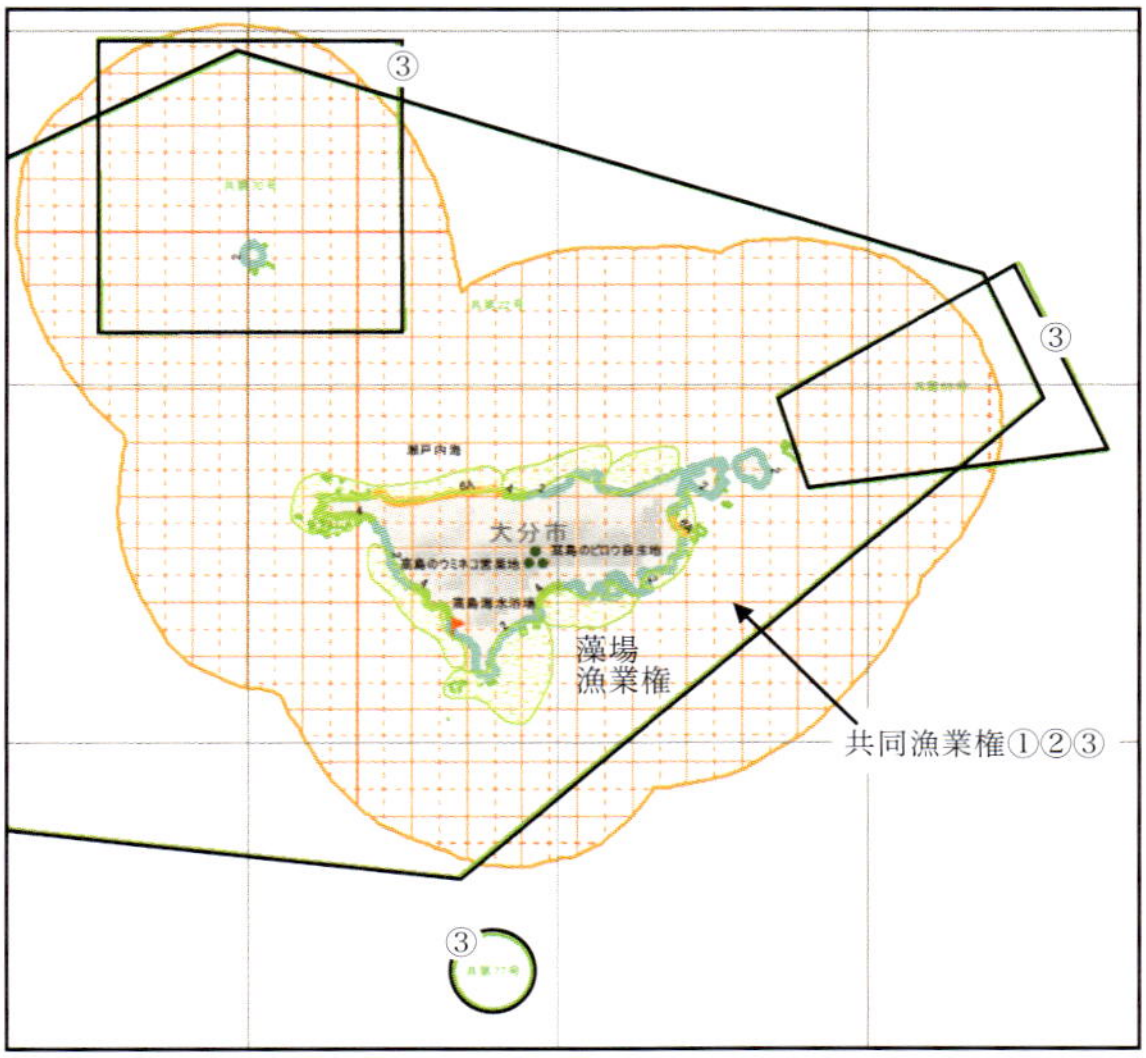

（海上保安庁「環境脆弱性指標図　大分県－21」一部加工）

巻頭図３．漁具定置参考図

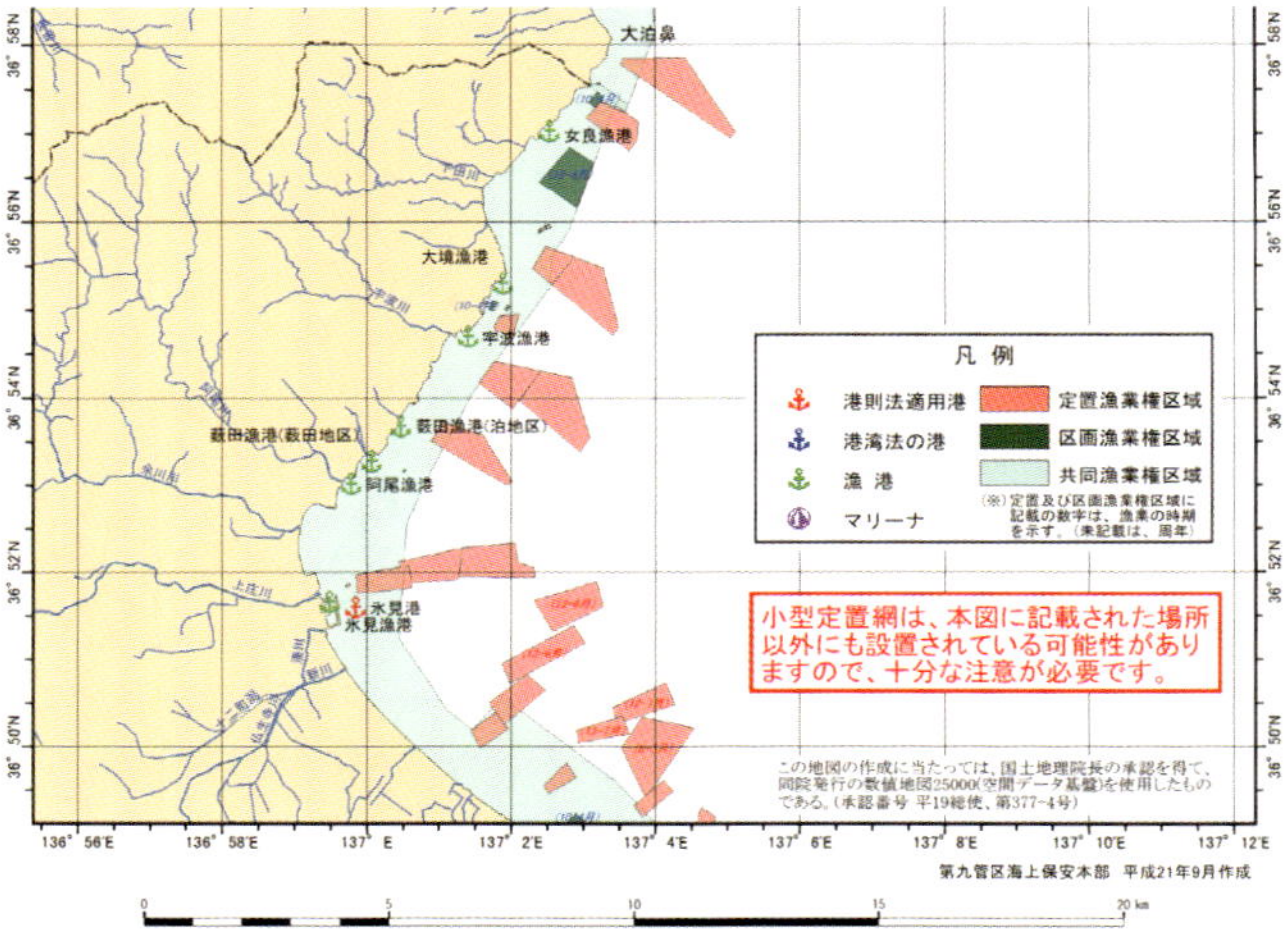

（海上保安庁）

3時間でわかる漁業権

発行にあたって

漁業には漁業権というものがありますが、これがどのような権利であるのか、理解しづらいところがあります。一般に出回っている書物も、縦書きの法律を横書きに直したものが多く、漁業権の実態がよくわかりません。そこで、漁業の現場を数多く訪れ研究されている東京大学社会科学研究所の加瀬和俊教授に、漁業権についての解説をお願いしました。読者は、漁業や漁業権についてはじめて勉強するという方を対象としており、詳細な法律の解釈を行なうのではなく、大きく全体像をつかみ、感覚的に理解できるようにしていただきました。

加瀬先生は、漁業権について正しい理解をして欲しい、また漁村調査を一緒にやってくれる仲間がほしいという想いで、講演をしてくださいました。全国の大学には農業を研究されている先生はたくさんいます。しかし、漁業を研究されている方は、自然科学の方は多くいますが、社会科学分野では全国に20名もいません。農業と比べると極端に小さい分野になっています。

農業の平成24年度の総産出額は約8・5兆円ですが、漁業は1・5兆円弱です。このように見ると、農業を稲作、畜産、野菜、花卉というようにそれぞれの分野に分けた場合、漁業は大体農業の

1分野とほぼ同じぐらいの大きさになります。そう考えると漁業の調査をする研究者が非常に少ないので、農業について勉強している若い学生にも「漁業の調査をしないか」と加瀬先生は呼びかけているそうです。

その際に、学生から「漁業は漁業権というのが面倒くさそう」ということをよく言われるそうです。本書の内容は、漁業・漁村の調査にあたって漁業権について最低限理解しておいた方がいい内容となっています。つまり、一般の方々にも理解していただきたい内容となっております。

加瀬先生の「3時間でわかる漁業権」を読んでいただき、漁業権や漁業に関心をもっていただき、理解を深めていただければ幸いです。

一般財団法人　農村金融研究会

目次

はじめに

■漁業権のわかりにくさ

漁業権の説明は誰がやってもわかりにくいようです。そこで、わかりにくい原因をはっきりさせれば、わかりやすくなるのではと考え、わかりにくい原因を考えてみます。

それには主に3つの原因があるといえます。

第1番目は、漁業権の客観的な性格です。すなわち農地法のように、一定の理念・原則に基づいて、全国一律に適応することができにくいという実情です。漁業権は、理念や原則で一貫して定まっているわけではありません。制度がつぎはぎでき上がっています。つまり、さまざまな慣行があって、漁業者の力が強ければ現場の慣行のほうが優先されるのです。これは漁業法のいろいろな段階で1本の形になるような原則が立てられても、現実にはなかなかそうはいきません。現場の実情との調整を通じて制度も実態も順次形成されてきています。したがって、同じ漁業権の原則といっても、適用の仕方は地域差が非常に大きいという、客観的なあり方が1番目に挙げられます。

第2番目は、説明する人の主体的な事情という問題です。漁業権あるいは漁業法について説明している本は、法学者が書いているものが大部分です。そのため説明は実態に即してこのように漁場が使われていますという説明ではなくて、制度解釈的・法文解釈的な内容になりやすく、実態の説明が二の次になる傾向があります。本書では、制度的な厳密性よりは実態に密着して漁業権が理解できることを目指しています。したがって、法学的な議論にはあまり深く立ち入ることはしません。

第3番目は、通常の漁業権という言葉の使用慣例の問題です。すなわち普通名詞としての漁業をする権利というような非常にぼんやりした表現と、固有の法律用語としての漁業権というものがしばしば混同されています。行政当局も説明しやすいので、そういう説明の仕方をしばしば行っていますので、「漁業権って、そんなにいろいろなことに関係するの?」というような理解になってしまいやすい面があります。

最近の新聞報道でいいますと、例えば日中・日韓の共同管理水域に関して、「共同管理水域では両国に漁業権がある」というような言い方をされています。この場合、両国の陸域からはるかに離れた海の中の話ですから、漁業権が関係することはありえません。これは「漁業をする権利」というような意味で使われています。正しくは、「日中共同水域では両国に漁業を営む権利が認められている」ということを、「漁業権が認められている」というような説明を行政やマスコミがしていることがあります。

それから、「原発立地域には漁業権はないから漁業はできない」というような説明が新聞に書かれている場合もあります。しかし、原発建設によって固有な意味での漁業権が抹消されても、それだけでは漁業が禁止されているわけではありません。かつては漁業権の対象になっていた漁業を、漁業権に基づかずに誰でも操業できるかわりに、漁業権によって操業が守られることもないのです。そうした点での使用慣行的なあり方が漁業権を理解する妨げになっている側面があると思います。

そういった点を考慮して、本書では漁業権の実態に迫るために3部構成で説明していきます。

■本書の構成

第1部は漁業権の歴史編です。何で昔のことを知る必要があるのかといぶかられるかもしれませんが、漁業権の歴史を学ぶ理由は、区別のない一つながりの海の一部について「私が操業できる場所はここだ」という認識がどうして自然にでき上がって来たのか、そして社会がある種の秩序を必要としたときにその認識がどのように論理化されていくのかというロジックが歴史的な推移の中に凝集してあらわれているからです。漁業権を理解するには、第一に歴史的な推移を理解するのが早道だと私は考えています。

第2部は制度編です。漁業権が現在どのように決まっていて、どのような形で海の上に張りつけられているのかという仕組みについての説明です。20人が養殖業をやらせてくれと言っているけれど、漁場の広さが10人分しかない時に、誰がやれて誰がやれないのかを、誰がどうやって決めるのか、それが制度編です。

第3部は運用・実態編です。制度ができ上がっても、現実の運用はその通りにはなされていません。すると、運用はでたらめなのかというと、そうではなく、現場に委任をされている条項が非常に多くあって、その部分を現実にはどのように運用しているのか。そのやり方は法律には原則だけ書いてあって、行政は責任を負いませんので、適用の具体的な中身は全部漁協に任せています。各漁協では行政から委任された権限の下で自主的な制度として定めた規則に従っています。この自主的な制度の定め方、この自主的な制度が恣意的なものではなく、法律に準拠したものになるための条件といったものがありますが、そういう意味での運用・実態編を3番目に問題にします。

以下では、細部は無視し、論理の骨格を説明していきます。直感的・感覚的にわかりやすいことを重視して説明していきます。

■漁業権を見る

まず漁業権の大ざっぱなイメージを理解していただくために、**巻頭図1**の漁業権図を見てください。海上保安庁が、海洋において大規模な油流出事故などが発生した場合に、的確な対処策がとれるよう、日本全国の海岸線の性状（性質、状態）を図に表現した環境脆弱性指標図（ＥＳＩ：Environmental Sensitivity Index）のなかに漁業権が示されています（ＨＰ：http://www1.kaiho.mlit.go.jp/JODC/CEIS/pdf-top-page.htm）。

巻頭図1は岩手県宮古市の沿岸の一部ですが、緑色の線内が共同漁業権です。漁業権に基づいて魚を獲りにいける範囲が陸から緑色の線までということで、その外には漁業権はありません。青線の枠内は養殖をやる区画漁業権、赤線の枠内は定置網をする定置漁業権です。

図の下に縮尺がありますが、図の中ほどの部分は湾口なので広くなっています。その部分も含めて陸から1～3㎞くらいの範囲内に漁業権があります。つまり、港から沖に出ていって、ほぼ1～3㎞ぐらいの範囲が漁業権区域といえます。瀬戸内海などでは２００～３００ｍくらいしかなく、漁業権範囲が非常に狭くなっているところもあります。

したがって、「日本の漁業は漁業権がないとできません」というような言い方は全くの間違いです。他国の漁船を入れずに、日本漁船だけが操業できる漁場はいわゆる２００海里以内です。沿岸から200海里ですから、約370kmです（1海里＝1852m）。すると陸地から370kmの範囲の日本の海の中で、漁業権が設定されているのは、わずか1kmからせいぜい3kmの範囲です。馬力の小さな船で行っても10分もかからない距離です。北海道では沿岸を広くとっておりますけれども、それでも大体5kmが限度というくらいです。つまり、陸地に続くごく狭い海域だけが沿岸漁業者の使える漁業権漁場なのです。

したがって、漁業権は漁業をどこででもできるというような強い権利ではなく、沿岸のごく限定・特定された場所・地域での限られた権利に過ぎません。

ところで、沿岸の漁業は漁場の利用関係によっていくつかに分けて考えた方が扱いやすいので、漁業権もそれに対応して3つに区別されています。まず、天然の魚や貝、海藻類をそれぞれの漁業者が採る漁業で、これは次々と漁業者が操業できる、いわゆる入会操業の形をとりますので、漁場をみんなで使えるという意味で共同漁業権といいます。

2番目に養殖業をするところが区画漁業権（海を区画してその中で養殖業を営むための漁業権）です。3番目は定置漁業権です。定置網は、魚が網に接触すると驚いて沖に出よう、暗いところに逃げようとして動く習性を利用しています。つまり、沿岸域で網にぶつかったときに、その網から大急ぎで深いところ、暗いところに魚が逃げると、その先に罠になった網が置いてあり、自然にその中に入ってしまうというのが定置網です。この定置網は定置漁業権の設定されている範囲に網を入れて営まれます。

養殖業と定置網の漁業権を設定しますと、その場所は養殖用の施設や定置網によって塞がれてしまいますので、天然資源を採る漁業はできません。定置網や養殖用の生簀の中に入っている生物はすでに私的所有物ですから、もしこの中に入って魚を獲ったらこれは私的所有物を盗んだということになります。したがって、区画漁業権や定置漁業権が設定されるということは、共同漁業権にもとづいて魚を獲っていた人たちの漁場がここだけ「獲ってはいけない」ということを意味するわけで、ここに潜在的な対立関係が生じます。

第1部　歴史編

■原初的な浜の利用形態（原理）

沿岸部の人々が自分たちの地先漁場を優先的に利用するようになったのはずっと昔からのことですが、それが慣行的な法制度として認められるのは江戸時代の中頃と言われています。沿岸部の住民が、自分たちが歩いて沿岸まで行って、その浜に打ち上げられた昆布やワカメを拾うというようなプリミティブ（原初的）なものから、水が引いた干潮時に少し海の中に入って逃げおくれた魚や貝を採捕するというようなもの、それから船を造って日帰りでできる、天気が変わっても大急ぎで戻ってこられる、そういう範囲のところで毎日操業をする漁が行なわれるようになります。このような沿岸部の住民が日常的に漁場を利用し、それが「自分たちの漁場」と意識されるようになるのが江戸時代です。

歴史的には、石高（こくだか）を持った高持（たかもち）百姓の田を分けてもらえない二三男や、あるいは経営がうまくいかなかった高持百姓が高を失って水呑（みずのみ）百姓になった場合に、漁夫として雇用されるという関係が成立する場合があります。また近くに浜があれば、その枝

図 1．原初的な浜の利用形態

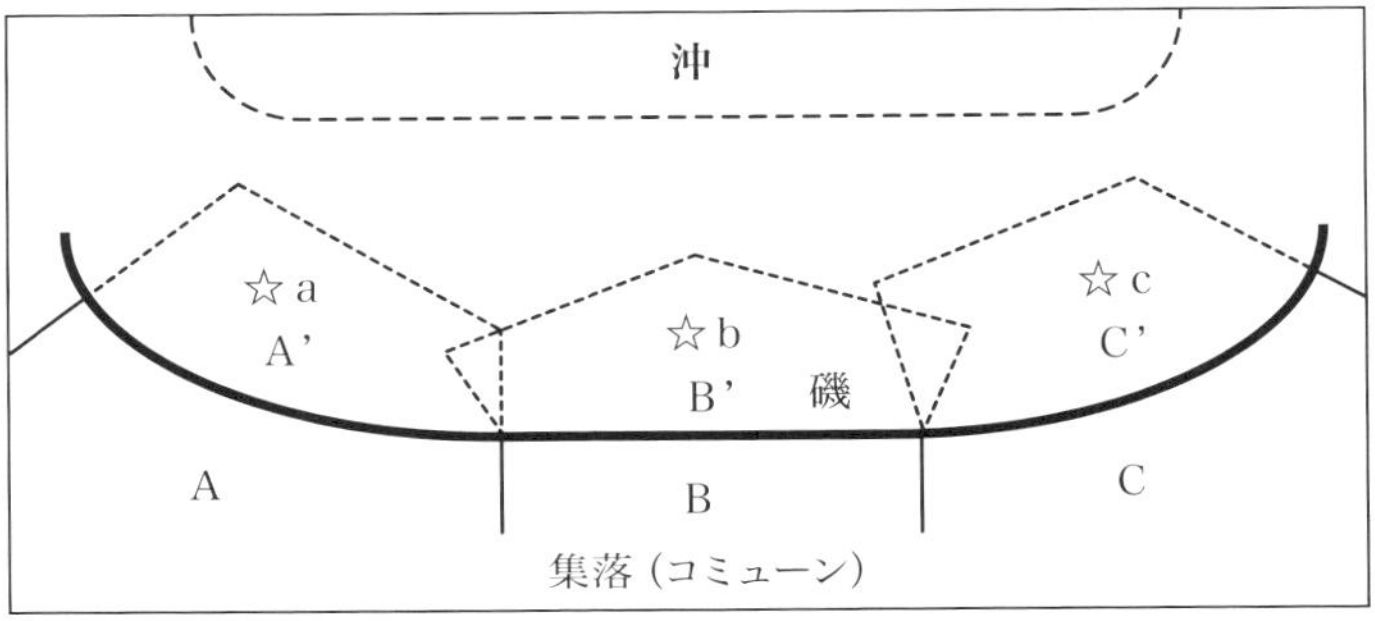

村（開発や開拓の拡大とともに元の村から分割してつくられた小集落）の浜のところに行って漁民になるというケースもありました。このような形で浜に住みついた人々が地先漁場を利用する形が江戸時代に成立してきます。

図1はA・B・Cという漁村集落があって、各集落で海側の日常的に漁業者が使える海が、自然に自分たちの集団に一番近いところに形成されるという、非常にわかりやすい状況をあらわしています。このとき、例えばB集落はB集落の全員が、例えば「打ち寄せたワカメを拾う権利を持つ」というような形で生活を成り立たせていくことになります。この場合の漁場B'の権利主体はこの地域の集落（コミューン：地域集団、共同体）になります。言わば町内会がこの漁場を管理する主体になるという方式です。

その場合に、地先のどこまでがこの集落だけの漁場になるのかといえば、近いところ、日帰りで操業できて、天候が変わっても手漕ぎで帰って来れて死なずにすむ範囲になるでしょう。大事な魚が着く瀬（☆a・b・c）で釣りをしたり、網を入れたりすることができ、天候が悪くなったら大急ぎで陸に戻ることができるのがポイントのひとつになります。その外側のところは、通常は行ったら危ないので、あるいは漕いで行くには遠すぎるので、各集落の大半の住民はそこを使わないという状況になっていたと考えられます。

沖側の海域は、嵐が来ると死んでしまうというリスクを冒すことになりますが、しかし競争が少ないということもあって、回遊魚などが入れば非常に大きな漁になります。沖側を利用した人たちは、冒険的な人たちとか、あるいは先端的な技術をもち、人を雇って大きな船をつくった地域の資産家であるとか、そういう人たちだけが、この沖側で操業するようになりました。

こうした浜の利用形態、すなわち住んでいるところのすぐ前の海がその人たちの専有的な漁場になっていって、外からこの漁場を使いに入ってくる人がいると悶着が起きるというのは日本だけの実態ではなくて、基本的には全世界共通の漁場利用のプリミティブな形であると考えられます。東南アジアをはじめ、沿岸漁業がある程度以上発展している所では、沿岸域独自の制度はこのような形でどこの国にもあります。

しかし、各国が、漁業権のような制度を持っているのか、そうではなくて今もって単なる慣習としてそうなっているのかは様々です。日本の場合には、暖流と寒流が沿岸域を洗っているという現象があったり、湧昇流が各地域に湧いて非常に有機物の濃い、栄養の高い海水が周辺にあるということで、ヨーロッパに比べるとはるかに沿岸漁業が稠密になっています。それだけに漁場を利用する権利をめぐって経済的な対立が避けられなかったので、それが沿岸域の制度を、漁業権制度という厳格な法形式で成立させた根拠だろうと考えられます。

したがって、わが国の漁業権に体現されている考え方が特殊という訳では決してありません。漁業権制度自体は日本で発達したと言えますが、同じような原理は非常に簡明なものではあれ、ほぼ世界共通だと私は考えています。このようなわかりやすく成立した原理が法的規範としてどのように整備されてきたのかが次の問題になります。

■近世の浜の利用形態

近世期（江戸時代）には上述したような形で、「磯は地付、沖は入会（いりあい）」でした。磯すなわち地面に接したごく近い海は、その集落が専用します。沖はいろいろな集落が相互に入りあって共同で使うという仕組みです。したがって、磯側ではプリミティブな漁業権が存在するのに対して、沖側では自由漁業が成立します。

しかし、この自由漁業は必ずしも完全な自由を意味するわけではなくて、沖の漁業をやっている資産家たちは領主に対して一定の冥加金（みょうがきん：江戸時代の雑税の一種）を払っていましたし、他の藩域から漁船が競争的に入ってきた場合などには、その隻数の制限をしたり、入漁料のような一種の税金をとることを藩権力が行なったという意味では、完全な自由漁業ではなかったといえます。

こうした状況から、これが法制度化されていくプロセスが明治以降の商品経済社会の中で展開していきます。漁業法の本を読みますと必ず、明治の初めの海面借区制の議論とか、１８８６年の漁業組合準則といったものが出てきますが、これらはほとんど実効性を持たなかったという意味で差し当たって無視します。漁業の江戸時代の制度を近代法に組み込んだものとして「漁業法」が１９０１年（明治34年）に制定されます。そして、それをほぼ全文書きかえた改定法が１９１０年に出されます。

■１９０１年漁業法

１９０１年という年代をみますと、農業には１８９９年に農会法、１９００年に産業組合法、一般産業には１８９７年に重要輸出品同業組合法（１９００年に重要物産同業組合法）が制定されていることから明らかなように、日清戦争後の産業振興策が本格化し、清国から日清戦争でとった賠償金3億円をもとにして金本位制に移行するとともに、産業保護の補助金を民間企業に対して国が初めて出すことになりました。そして、そうした産業振興策の受け皿作りのために、各産業に対してそれぞれ組織化政策（＝団体育成策）をとるよう指導がなされて、農会も産業組合もできます。漁業法はもっと早くから立法措置がスタートしていました。しかし、農業の場合は土地所有権がありますので、「私がここで農業をやる」というのは、誰からも文句を言われずにすることができますが、漁業の場合には旧来からの慣行が様々ある場所で、しかも自分の所有地ではない場所で漁業をやりますので、「私はここで定置網をやります」「私はここで養殖業をやります」「それでは困ります。私はここで魚をとるのですから」という争いが起こってしまう可能性があります。その結果、法律を定めるのに時間がかかって、1901年にようやく漁業法が制定されたのです。いずれにせよ、そういう農業、漁業、中小企業を対象として1900年前後に定められた在来産業育成のためのシステムの一部として漁業法も制定されたということになります。

この漁業法は、当初は江戸時代の仕組みを基本的にはなぞらざるを得なかったわけです。まだ1901年、国が持っている力はそんなに末端まで及んでいませんでしたので、旧慣をそのまま採用することになります。ただ、いくつかの点では新しい内容を入れています。まず地先の権利の主体が集落（コミューン）から、この地域で漁業を営んでいる者の団体に限定されます。それまでは漁村集落の住民は大半が漁業に従事していたのに対して、経済の発展にともなって漁村内にも漁業に従事しない人達がふえてきたので、漁業の相談ごとをとり決めるために、漁業者だけの団体を作ることになったわけです。すなわち、地域集団であるコミューン（集落ないし町内会）からアソシエーション（association）としての団体に限定され、これを「漁業組合」と法律上称したわけです。「各地域において漁業を営む者は漁業組合を設立すべし」という条項が入って、職能的な団体として漁業組合をつくることが義務付けられ、これが地先漁場の管理の主体になります。

法の目的は、漁場の争いや資源の制約をこの漁業組合が調整して、無秩序な漁によって資源がなくなったり、争いが深刻化したりしないようにして漁業を発展させることです。さらに「私は養殖をやる」「私は漁船漁業をやる」というような漁場の取り合い、あるいは漁船漁業同士が場所の争いを生じないようにすることです。加えて、在来産業を新たな技術・経営法で新しい産業として発展させることが日清戦後経営の主眼ですので、農会は農会の技師を各村が雇って新しい技術指導を行って生産力を高めていきます。それと同じように漁業でも新しい漁業技術、魚をとる技術、養殖をする技術、定置網の編み方、こういうものをどんどん新しく入れていこうとします。したがって、その場合に資本の投下をどのように保証するのかということが大きな課題になります。企業心旺盛な漁業者がいて、遠くの沖まで出て漁をしたり、近場に大きな網を入れようとすれば、投資が必要になります。投資をするとなれば投資の回収の権利をどうやって法律的に保証するのかが課題となります。江戸時代にはまだ多額の財産を資本として海に投下して、それが長年月にわたって固定するという経験はないので、近世の慣行ではその点を処理できません。それを何とかしようということになります。

■地先専用漁業権

ここから1901年漁業法においていくつかの近代的な内容が定められていきます。まず、先述した「あなたの村はここまではみんなで使っていいですよ」という、今でいう共同漁業権のラインをどうするかというのが、「地先専用漁業権」という仕組みとして定められます。これが江戸時代の「磯」に当たります。すなわち地面の真ん前にある海（地先）のことで、「これはここに住んでいる人たちが専ら利用する、専用する漁業権の地域」というふうに定めます。

条文を読みますと、「一定の区域内に住所を有する漁業者は行政官庁の認可を得て漁業組合を設置することを得」（18条）、「地先専用漁業権は漁業組合のみに免許する」（4条）と書いてあります。**図1**が推移して**図2**のようなA・B・C集落にそれぞれ漁業組合ができます。Bの漁業組合は

図2．1901年漁業法後の浜の利用形態

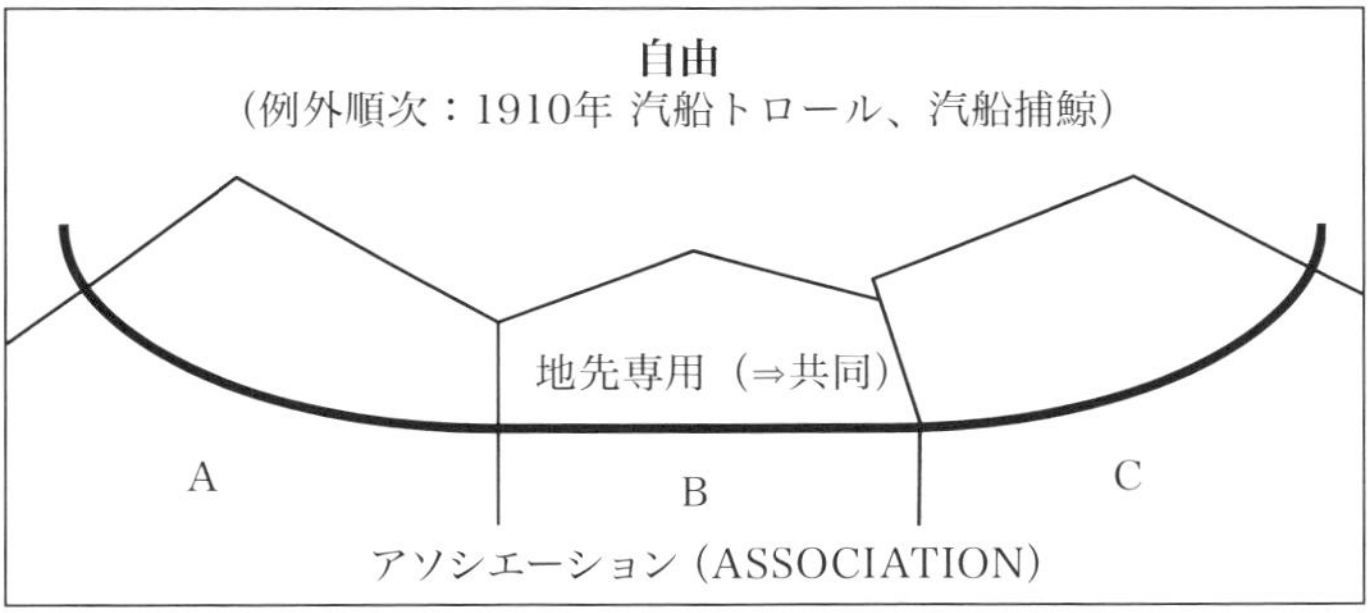

AとCとの境目を考慮して、この場所を地先専用漁業権として国から免許されます（現実的には県から免許されます）。

このときに、江戸時代では曖昧であったA集落とB集落の境目、それから磯と沖の境目をどのように決めたのかということが問題になります。国に調査し、測量し、決定する能力はありません。県も国もまだまだ役人の数は少なく、役人が海に出て漁業権の場所を確認するということはしませんので、漁業者に「図案を作って持って来るように」と命令します。漁場の範囲は施行規則の第21条に「漁業免許を受けむとする者は願書に漁場図正副二通を添付し行政官庁に出願すべし」と書かれています。すなわち漁業組合をつくったら、その漁業組合が「ここは自分たちが使う漁場です」というように書いて持って来るようにというわけです。書いて持って行くと、**図1**のように、各組合が大きめに漁場を申請します。そうすると、当然隣に食い込んでいる漁場が生じます。そこで、県がすることはその両方の重なったところの大体真ん中に線を引くという程度のことだったのです。

そうなると、沖側にどんどん張り出していくのではないかという疑問が生じると思います。20海里という概念は当時ありませんが、手漕ぎの船で何日もかかるようなところまで線を出して漁場を広く取ってしまおうとするのではないかと想像できます。しかし、漁業組合をつくった人たちの中には、沖の漁業をやる富裕者もいるわけです。沖の漁業をする人たちからすると、ちょっと船で出て、すぐに沖の漁業ができるのが好都合です。沖は漁業権の制約がありませんから、何をとっても構いません。したがって、共同漁業権の沖出し距離は、この人たちにとっては短いほうがいいわけです。当時の集落の人間関係からすれば、金持ち（沖の漁業に投資できる資産家）を排除して漁業組合をつくるということはできませんでしたし、こういう資産家は必ず漁業組合の有力者にもなります。すると、漁業組合の申請は、沖出し距離を長くするというふうには必ずしもいかず、適当な妥協できる範囲で申請をする形になります。このようにして**図2**のような適当な形でA・B・Cというそれぞれの漁業組合が持っている地先専用漁業権が設定されます。この漁業権はここにある漁業組合に必ず免許されますので、地元に住んで沿岸漁業を営んでいた人もこの漁業組合に入らない限り、この漁場では漁業ができないことになります。結果として漁業組合は地元の全沿岸漁業者が参加する当然加入（実質的な強制加入）の団体とならざるをえないわけです。これが共同漁業権の設定の論理であり、同時に当然加入団体が漁業において成立した論理でもあるわけです。

■区画漁業権（養殖業）と定置漁業権（定置網漁業）

漁業権設定のもう1つの論理は、区画漁業権と定置漁業権の場合です。地先専用漁業権は漁業組合員みんなが利用できます。これに対して、定置網と養殖業は漁場の中に一定程度の大きさの網などを入れてしまうので、誰かがやれば、そこでは他の人は漁業ができなくなります。しかし、これは発展的な新しい漁業なので、政府としては発達を促し、生産力の向上を期待します。したがって、政府としてはこれをやりたい人が出てくれば、それを奨励したいわけです。しかし、それを地元の地先専用漁業権を使う漁業者が納得する形でしないと紛争がおこります。こうしたジレンマの中で法律づくりは難航します。

結果としては、当時希少であったのは人間ではなくて資本ですから、資本を優遇する制度をつくって投資を促すようにします。漁業法3条では「漁具を定置し又は水面を区画して漁業を為すの権利を得むとする者は行政官庁の免許を受くべし」と定めました。「漁具を定置し」が定置漁業権（定置網）、「水面を区画して」が区画漁業権（養殖業）に該当します。この規定はあっさりとしていますが、非常に重大な規定です。

第一に、漁業組合は養殖業にも定置網にも関係ないということです。先述した漁船で漁業権漁場の中で漁業をするためには漁業組合が漁業権を免許されなければなりません。つまり、漁業組合の組合員以外はこの地先専用漁業権の中で漁業はできません。それに対して、定置網漁業と養殖業については、漁業組合は関係ない。したがって、東京に住んでいる金持ちが船をつくって誰かを雇って、定置網を操業することができるのです。しかも、専用漁業権を行使する人は漁業組合の組合員でなければいけないし、先ほどの18条の規定で、漁業組合の組合員はその集落に住所を持っている人でなければいけないのに対して、定置網と区画漁業に関しては経営者（免許申請者）の住所要件も不要です。ですから、戦前の最大の定置網の所有者が大手企業であるという事実が成立します。それは東京にいる資本家がこの区画・定置の両漁業権を官庁（県）に願い出て、「ここで養殖業・定置網をしたいので免許してください」と申請したならば、県庁はそれを審査して、「それが生産力を高める（漁業を発展させる）ことになるだろう」と思えば免許します。戦前は、地域の人たちの承諾の印鑑が必要だとか、了解を得る必要があるというような仕組みはなく、官庁の一存で決めることができたので、もちろん県庁の役人も紛争が起こることは避けたいのですが、新しい漁業が発展する可能性があれば、区画漁業権・定置漁業権を遠方の投資家に新たに免許することに躊躇しませんでした。地元の貧しい漁業者はもちろん、沖合で操業する漁船を持っている程度のほどほどの資産家層でも大型の定置網に投資をし、もうけがなかなか出ない初期投資の数年間を持ちこたえることは困難でしたから、都会の資産家が投資しようとするのであれば、地元産業の発展のために有難い企業誘致の機会だと思われたはずです。

定置及び区画の漁業権も一旦権利が認められますと、20年間の権利になります。現在は5年ですが、当時（戦前）は20年というかなり長い権利でした。また、投下資本が優遇される、つまり投下資本が保証されるということが投資のためには絶対に必要だという原則を重視して、この免許については更新制が採用されています。

更新制というのは、20年たったときに、今までやっていた人がもう1回「20年やります」と申請したら、必ず従来やっていた人に免許が与えられという仕組みです。養殖や定置に投資したい人も20年たって順調にもうかっているはずの時期に免許が更新されないのであれば、今投資をするインセンティブがなくなってしまうという理由からです。更新制とは、すなわちAさんが今までやっていたとしたら、BさんとCさんが「次の20年は私がやりたい」と立候補したとしても、今までやっていた人（Aさん）が「継続したい」と言ったら、必ず従来やっていた人が勝つという仕組みです。従来の経営者が希望する限り漁業権という名の経営権が20年ごとに永遠に更新されるのが戦前の仕組みです。

なお、後述しますが、現在の定置漁業権の権利期間は5年ですが、5年経った時に「次の5年をやりたい人」というように県庁が立候補を募ります。そして、「私がやりたい」という人が複数出てきたら、この中で誰が一番優先順位があるかということを従来の既得権、誰が今までやってきたということは全く関係なしに、この中からこの時点での最適者を選ぶという形になります。

更新制は1901年漁業法によって定められ、その後、戦前を一貫した原則になり、投下資本の収益回収が保証されます。現在は優先順位があり、1つの定置網漁場に3人が立候補するという場合に、一斉に審査・更新する形になっています。5年に1回権利が切れて、最近の例では、2013年9月1日に大体の県が漁業権の一斉更新をしました。その9月1日の6か月前までに「今度は私が定置網をやりたい」という立候補制をとります。これは一斉更新という形で、やりたい人全員を平等な権利者とみなして、まず立候補してもらいます。したがって、立候補は一斉にやらなければいけません。その後で立候補した全候補者を法律で定まっている優先順位に従って順番をつけて、法律がいう1番を選びます。

これに対して、戦前には一斉更新方針はなく、東京の資本家が思い立ったときに、「ちょっと陸上の産業で儲かった。何か最近定置網が儲かるようだ。じゃあ、今儲かっているので、県庁に定置網を1つここにつくりたいと申請をしよう」と思ったら、その時点で審査されます。締め切りは

「いつ」ということはなく、思い立ったら申請できる。そして申請したら、必ず県庁はこれを審査しなければならない。これは「先願主義」というもので、先に願い出た者を一人一人順番に審査していって、この審査で願い出た者がＯＫだということになったら、後に申請している者がその者よりもずっと良い条件であっても、設定要件をクリアしていれば、この者に免許しなければいけないというものです。つまり、個別審査の先願主義の方式をとったのです。

そうなったときに、何を重視して、何を無視しているかといえば、第1に資本投下が進むことを重視しています。新しい漁業である養殖業や定置網は、非常にお金がかかり、まだ技術が定着していないので、資本の回収が上手くいくかどうかのリスクを負います。したがって、養殖業や定置網漁業に対して、「自分たちの漁場が狭まってしまうので、これをやるのをやめてくれ」というように地元の漁業者は言うことができない、という仕組みが成立します。新しい漁場への資本投下を促進して、日本の漁業を発展させるという、この段階での殖産興業のロジックは、地元は間接的に利益を得られれば良いという発想です。例えば東京の資本家がこの網を持ったらそこで雇う人間は結果としては地元の人になる可能性が高いので、それで良いではないかという判断があったようです。もちろん実際にそうするかどうかは投資者の自由ですが、こういう仕組みが１９０１年時点でつくられます。

■運用の変化

1900年代にでき上がった先述した戦前の原理的な仕組みは、戦前の日本資本主義の発展プロセスの中で次第に変容していきます。まず第1番目の変容は、先の資本投下の権利がさらに強められるという方向です。1901年の法律では民間より国が強いという規定が法律の中にたくさんありました。例えば行政の都合によって一旦免許した区画漁業権や定置漁業権を取り消すことができると書かれていますし、軍事上の理由で取り消す場合には、「全く権利なしに、国から言われたらすぐに引き上げなければいけない」というような条項が漁業法の中に入っています。国家が産業(民間)に優先する状況だったのです。ところが1910年の法律では、資本投下を行なっている経営体に配慮して、国が国の都合で民間経営を止めさせる場合の条件を列挙しています。その条件に当てはまらない場合、国が勝手に止めさせることはできないという条項、加えて、止めさせる場合には資本に損をさせないように補償金を払わなければいけないという条項、このような規定を入れて、資本主義化を進め、私権を強化していく仕組みを採用し、経営体が資本投下を安心して進めることができるようにしました。

もう1つの方向は、地元の漁業者がつくる漁業組合が、定置網・区画漁場の権利と関わりを持つようになるという変化です。ノリとカキ養殖を中心に養殖業が発展し、区画漁場がどんどん広がってきますと、漁船漁業の漁場はそれだけ侵食されます。

こうした動きへの対応として、漁船漁業をやっていた地元の漁業者が次第に小さな養殖業をはじめていきます。外の人たちが入ってきて養殖業で儲けるのを指をくわえて見ているだけではなく、資本を余り必要としない、ノリやカキの養殖業を地元の漁業者が始めることになります。そのようになってくると区画漁場が増えることに抵抗がなくなってきます。地元で漁船漁業をやっている人たちが、漁船漁業と養殖業を兼営することによって、所得は増えていきます。つまり、漁業組合の中に漁船漁業をしながら、かつ区画漁場で養殖業をやる組合員が段々と増加します。

こうなると権利のあり方に変化が生じます。東京の資本家が新規に広く養殖業をやる漁場をとって、地元の人間を労働者として雇用する場合には、広い区画漁場で養殖をしている人たちは、1〜2人という少数の経営者という状態です。したがって、許可は県庁が、1人が「区画漁業をやります」と言ったときに、その人の申請書を見て、「資本はこれだけあるな。事業もまじめにやっているな。それではこの人に許可しましょう」というようにするので、1回に1人の人を審査して免許を与えることは県庁の水産課に担当の役人が3人とか5人しかいなくても、書類を審査して、免許することができます。しかし、零細な沿岸漁業をしている地元の人たちが、小さな規模でノリ養殖業も兼業するとなりますと、区画漁場を使う人たちは、20人とか、50人とか、100人という規模になり、その人たちが免許を必要とすることになります。１００人の人たちが県庁に「この区画漁業権をください」と申請しても、１００人を県の３人なり５人の役人が審査することは困難です。１００人の人が申請しても、実際には30人しかできない漁場の広さしか物理的にはないかもしれません。これを具体的に調べ、経営を上手にやるであろう30人を１００人の中から選抜する作業を役人にできるはずがありません。

漁業法上は、先に見たように「漁具を定置し又は水面を区画して漁業を為すの権利を得むとする者は行政官庁の免許を受くべし」（３条）というように、やる人が県に申請して免許をもらうという仕組みが書いてありますが、これをいちいち県が審査することは非常に困難になってきます。現実的なやり方は、法律には上述のように書いてありますが、地元の人たちから申請があった部分については、漁業組合に対して免許する仕組みが明治漁業法のもとでも広範に採用されるようになります。

具体的には、漁業組合の組合員のうち50人が「ノリ養殖をやりたい」と言ってきたら、県に対して「養殖漁場をください」と漁業組合が言います。すると県が、「じゃあ、漁業組合が申請した範囲のここからここまでは航路があるからダメです」とか、「ここはもうちょっと増やしても良い」とか色々言って場所を特定します。その後に漁業組合が調整します。つまり、「50人の申請はあるが、これを50人でやったら1人当たりのノリ養殖の規模は非常に小さくなって、誰も採算がとれないので、差し当たっては20人だけやるようにしよう。そのかわり、あなたは何年くらい待ってくれ。ここだけではなくて、別の区画漁場を何年か経ったときには申請するから、そのときまで待ってくれ」というように説得したり、「あなたの漁船漁業では今までは漁業組合の内規でもって、この部分へは入れなかったけれども、ここを入れるようにするから養殖業は我慢してくれ」と言ったりして調整をします。そして、免許を認めるか否かについて、それぞれの家の事情(労働力がどれくらいあるか、資本があるか、ここでノリ養殖をやらないと生活レベルが低いままか等)を具体的に考慮して、関係する組合員の了解を得ていく仕事を漁業組合が担ったわけです。つまり、行政は面倒くさいことは漁業組合に全部任せるようにしていったわけですし、漁業組合は面倒な判断を引き受ける代わりに、沿岸漁業者の自治的調整を通じて皆が納得しあいながら新しい漁業を増やしていく作業を担うことができたわけです。行政による大枠としての方向付けと、漁業者自身による自主的統制が相互に支え合いながら進行したということができるでしょう。結果として、「区画漁業権は個人に免許される」という原則が書かれている明治漁業法の下であるにも関わらず、区画漁業権の過半数が漁業組合に免許されるようになっていきました。

それに対して定置漁業権については事情が異なります。定置網をするには大きな網を必要とし、お金が非常に掛かるので、普通の地元の漁業者が申請するケースはほとんどありません。とはいえ、都会の金持ちに漁場を取られるのは嫌ですから、地元の人たちの中では、漁業者の集団なり、あるいは漁業組合自身なりが申請するといったケースが多くなるという動きが生じます。こういう関係が１９３０年代において、零細な漁民の生活を成り立たせるために展開された経済更生運動（農漁村の窮乏を打開するため１９３２年（昭和７年）から行われた大規模な全国的運動）、つまり小生産者の生計を成り立たせるような農業政策や水産政策をとるなかで、この漁業権についても次第に地元漁民本位に運用する方針を行政がとるようになってきました。県にしても、漁業権を地元に住んでいない都会の資産家に与えてきた結果、定置網は発達してきたにも関わらず、地元の漁業者がそれによって間接的にでも豊かになったのかと自問せざるをえなかったのが、世界恐慌＝昭和恐慌の時代でした。

こうして農林省水産局の各県水産課に対する指導方針は、可能な限り区画漁業権、定置漁業権についても地元に免許するようにという方向に変化してきました。地先専用漁業権と区画漁業権・定置漁業権の対立のうち、対立がなくスムーズに進むのは、区画漁業権・定置漁業権が漁協に免許される場合であることがわかってきます。これは頭で決めるのではなくて、現実の地域の社会的な条件の下で、そのように認識されるようになってくるのです。沿岸の漁船漁業と生産力の高い定置網や養殖業との、ある種のベストミックスが、免許を漁業組合に集中的に与えたほうがスムーズにいくということになってきます。

ここから現実の動きとして、区画漁業権は実質的に組合管理漁業権に、全部ではありませんが、変わってきます。定置網も同じように漁場が狭まってしまうのに抵抗がないのは漁業組合が定置漁業権を得て、漁業組合で組合員を乗組員として雇用する方式が一番スムーズにいくことが認識されるようになってきました。このような動きの結果、地先専用漁業権は漁業組合へ、区画漁業権・定置漁業権は漁業組合以外へという明治漁業法の想定した構図が1930年代には大きく崩れ、立法者の当初の意図に反して、区画漁業権の過半が漁業組合に免許され、定置漁業権についても漁業組合や地元漁民の共同経営が免許を得るという事例が増加してきます。漁業権の漁協への集中化を柱とする戦後の漁業制度改革の方向が、こうして自然発生的に準備されていったといえるでしょう。

もう1つの問題は、この漁業権の外側の沖合漁業の変化です。1901年の漁業法の段階では、沖合漁業については何も記述がありません。「誰が何をやっても構わない」自由漁業でした。しかし、自由漁業の下で新しい漁法が入ってきます。新しい漁法の中で生産力が高いのは底曳きの大型トロール、汽船トロールです。石炭をたいて網を引っ張る汽船トロールが発達をして、それが沖で漁をするので、地先専用漁業権の中の魚が減ってしまうという問題が生じます。結果として191

0年の漁業法ではこの汽船トロールと汽船捕鯨の2つの漁業を許可漁業に指定します。これをやろうとする者は、農林省水産局に対して許可申請しなければならなくなりました。水産局は申請が出されたら、「資源的に大丈夫か」を考慮して、「操業時期はこの季節だけに限定しよう」というような条件をつけて許可することになりました。これが許可漁業の始まりです。

その後も順次影響力の大きい自由漁業が資源を潰したり、お互いがけんかしたり、沿岸漁業者とトラブルを起こしたり、というようなことが起こりましたので、戦前期を通じて順次許可漁業に変わっていきます。結果として今日では、沖合漁業の大半が許可がないとできない状態に変わっております。

■戦前の漁業権制度の到達点

地先専用漁業権は、漁業組合だけがこれを取得することができ、漁業組合の組合員だけがこの権利を行使できます。漁業組合は漁業権の管理団体ですから、当初は経済事業をやってはいけないことになっており、経済事業は同じ村の中の産業組合がすることになっていました。しかし、魚は水揚げしたらすぐ腐り始めるという点で野菜と異なっています。魚を港でセリにかける経済・販売事業を、農家が大半を占める産業組合はリスキーでやらなかったので、事実上、違法ですが漁業組合が販売事業を始めました。以前は個々に来る仲買人が個々の漁業者から魚を三々五々買っていました。それに対して組合の販売事業は、水揚げがあったときにみんなに魚を持って来てもらって、何時何分からセリで売るという形でスタートします。セリになれば他の商人よりも高い値段を出さなければ商人は魚を買えませんから、商人同士の競争が進み、魚の値段は明らかに上がっていきます。

そうすると、零細な漁民が抜け駆けして個人的に仲買人に売ってしまうと魚の値段が下がってしまうので、売ってしまわないように漁業組合が資金の足りない人には前貸しする必要が生じます。こうして漁業組合の実質的な貸付事業が始まっていきます。当初は漁業組合の経済事業を禁止していた行政が、次第にそれを黙認するようになり、1925年から制限つきながら補助金を出して推奨するように変わり、1933年の漁業法改定で正式に経済事業を漁業組合の仕事として認めることになりました。1933年に経済事業を行なうために出資制を採用した漁業組合を「漁業協同組合」と名付けるという法律改正が行われます。ここに今日の姿につながる独特な組織、すなわち全員が実質的に強制参加のアソシエーション（同業組合）でありながら、経済事業を行うコーポラティブ（協同組合）でもあるという独特の団体として漁業協同組合が誕生します。

地先専用漁業権については、もともと行使者（漁業者）の決定は組合任せです。これは人数が多くて、県庁が指示をいちいちできないからです。漁業組合が持っている権利として、例えばアワビを採る権利があるとします。その際、「ある人は一人前の権利がある。ある人は半人前の権利だけにする。ある人は組合員になって10年間は採る権利はない」というような区分が漁業組合に任されます。これは資源の量を考えて、全員一律に平等にしたり、漁業で生活している人を優先して差をつける等を決めますが、この決め方は漁業組合に任されます。

区画漁業権については、行政が免許者を決める能力のない多人数の場合には組合免許とし、大資本、大規模、高度な技術を必要として少人数しか申請しないもの（真珠養殖業など）なら経営者免許とするという区分が起こってきます。行政が設計した結果というわけではなく、社会的な摩擦の少ない、運用しやすい仕組みとして自然にそうなっていったのです。

定置漁業権は経営者免許で一貫していますが、経営者の中で漁業組合が経営者になるケースが増えてきます。漁業者が乗組員になって、漁業組合が経営者になるという場合が、一番地元でスムーズに回っていくようになったからです。

以上が戦前の漁業権制度の制定から、部分的な性格変化が進行したプロセスの概略です。

■戦後の漁業制度改革（1946～49年）

戦後は、敗戦直後から農地改革の動きが始まり、1947年から地主からの小作地の強制買収が進められます。漁業法もそれに呼応して、同じ原理で地元の漁業者が地元の漁場を利用できるという原則にそって制度改革を行なおうとしますが、なかなか難しく、農林省水産局が漁業法の改正に着手したのは1946年からです。そして、1949年に戦後漁業法が制定されます。

敗戦直後の時代状況は、第1に民主化の要請です。地元の漁業者が最も所得を得られるように、外にいる人たちの権利をなるべく地元に解放しようという考え方です。2つ目は、食料不足なので、なるべく漁業生産力が上がるようにしようという考え方です。この2つの考え方によって漁業制度改革が行われます。

民主化の中心点は、地元に居住し実際に体を動かして働く漁業者に権利を与えようとする措置です。地元に居住していても、いわゆる羽織漁師（自分は漁船に乗らないで出資者として利益だけを取る者）ではなくて、自らが漁業をする人を優遇しようとしました。戦前は地元にいない親方が定置網や養殖業の漁業権のかなりの部分をもっていて、雇人は「賃金を高くしてくれ」と言えば、別の人に入れ替えられてしまいました。これは問題ですから、働く漁業者に権利を与えて雇人から経営者に変えようという方向です。

また、誰が漁協の組合員になれるのか、も大きな論点になりました。戦前の場合は、漁業者は漁業組合をつくれるという規定があるだけで、「漁業者というのは誰なのか」「漁業組合の組合員というのは誰なのか」という明確な規定は置かれていませんでした。そのため、「こいつは気に入らない」という人は漁業組合から排除されることもあったのです。ところが、戦後は海の漁業権の大半を漁協が取得しますので、もし漁協に入れないと、地元で漁船漁業もできないし、養殖業もできないことになります。そこで、漁協の親分たちの恣意的な判断で組合員外におかれないようにする措置が必要になります。他方、食料不足の時代ですから、漁業を全然やっていない人が次々に漁村に入ってきて自分で魚を獲るようになったら、海は満杯になってしまって、今まで漁業で生活していた人が生活できなくなってしまいます。したがって、上限も下限も考えて、漁業者になれる人となれない人を、どこかで線引きしなければならないという難問が生じます。戦後になって初めてこれが具体的な問題としてあらわれてきたわけです。

■漁業法の改正過程

上記の問題を孕んだ戦後の漁業権は、戦前は漁業法一本で、つまり漁場にかかわる法律だけでよかったのですが、戦後は2つの法律に分かれることになります。1つは、漁場について規定した新しい漁業法です。もう1つは、漁業協同組合の組合員は誰なのかということを規定した「水産業協同組合法」です。この法律で漁業協同組合の組合員に誰がなれるのかを決め、組合員になれた人だけが漁業権を使って沿岸漁業をすることができることになったわけです。

漁業法の制定プロセスについてやや具体的にふれますと、水産庁とGHQ（連合国総司令部）の話し合いが難航し、4回にわたって水産庁は案をつくり直します（敗戦により日本はアメリカの占領下にありましたので、GHQすなわちアメリカが認めてくれた法律しか作れませんでした）。

第1次案は、全漁業権を漁協に免許するというドラスティックな案ですが、これが戦前の漁業権の変化の流れをくんだ水産庁のいわば本音です。地先専用漁業権は、みんなが共同で入れかわり立ちかわり操業するので「共同漁業権」と言う名称になりますが、共同漁業権も区画漁業権も定置漁業権も全部漁協に免許するという一番簡明な方式です。もし漁協に資金がなくて、網や大きな船が買えず定置漁業権を漁協が行使できない場合には、これを希望者に貸さなければならない。遊ばせておく権利はないので誰かに貸さなければならないのです。このような内容を最初の第1次案として出しています。全漁業権を漁協に免許し、組合員・漁協が営まない場合には漁業権の貸付をする義務を負うというのが第1次案です。GHQはこれを拒否します。漁協は戦争協力勢力だったので、漁業権のすべてを漁協が得るのは民主化にとって望ましくないという考えにもとづく判断で

す。ＧＨＱの係員は、漁業法というものを全く知りませんし、アメリカにはそういう仕組みがないこともあって、第1次案はあっさり拒否されます。

第２次案は、「漁民公会」案と言われるものです。ＧＨＱは、漁協が全部の権限を持つのはファシズム的と捉えたので、水産庁が第1次案を改訂して、漁業権を持つ団体を「漁民公会」として別に作り、漁業に関する経済事業を行う団体を「漁業協同組合（漁協）」というように分けたのです。「経営が悪くなって倒産するのは漁協であって、漁業権を管理している漁民公会は経営の良し悪しに関係なく、漁場を最も有効に漁民のために使うにはどうすれば良いかということだけを考えればいい」とする考え方をＧＨＱとの関係で苦し紛れに出したというのが第２次案です。これに対して、ＧＨＱは「漁民公会と言っても、実質は1つの団体が２枚の看板を掛けるのだろう」ということで拒否します。

第３次案は、漁協にもう1回戻ったうえで、共同漁業権は漁協に免許し、区画と定置漁業権は明治漁業法と同じく経営者に免許する案をベースとしますが、農林大臣が指定する区画漁業権については漁協の免許にするという内容です。農林大臣の指定事項としておけば、ＧＨＱを順次説得して指定する範囲を広げればよい、占領が終わったら法律を一気に変えれば良いという考え方でしょう。これもＧＨＱは拒否します。

最終的に成立したのは第4次案で、これが現在の法律の元になっています。4つの案の推移は水産庁の本音と戦前からの継続性と「民主化」の理念とを考慮したものです。賛否をめぐる広範な議論がおこりますが、その内容は第5・6回の国会の議事録で見ることができます。そこでの公聴会では様々な地域からの発言がありますが、議論のポイントは既得権をどのように整理するかということです。漁協制度史とか漁業権の資料集などでは、専らGHQとのやり取りが書かれていますが、現実の国会での審議は関係者の既得権をどのように整理して新しい制度を定着させるかが問題になっています。

■水産庁の意図

水産庁の法律改正にあたっての意図は、地元漁民の漁場の優先利用と資本不足への対応・漁業金融の活用です。大手漁業会社のように既得権として定置網をたくさん持っている企業等からすると、漁協に免許するというのはナンセンスということになりますが、定置漁業権は組合免許方式が否定されて経営者免許になりましたが、免許申請者が複数の場合には漁協が第1優先順位となりました。「経験豊富な企業から権利を取り上げて、経営能力も資本力もない漁協に経営させたら経営は駄目になる」という批判はたくさんありましたが、「資本が不足した場合には、水産庁が融資で措置します」という答弁をしています。つまり、漁業金融は戦前はほとんどありませんでしたが、戦後は漁協の金融を使って、政府がお金のない漁協・漁業者に資金を融通して漁業を発展させるという答弁をしているのです。また、操業しない権利はないので、漁協に免許しても漁協自身がやらなかったら免許を返上させるという答弁もしています。

戦後の漁業法による新しい仕組みは、おおよそ以下の通りです。まず、共同漁業権は戦前の地先専用漁業権とほとんど同じで、知事が漁協に対して免許を与え、組合員は漁協の定めた条件に従って漁業権を行使します。一人一人に格差づけをすることも漁協はできますが、どのような格差づけかは後述の運用・実態編で説明します。

次に、区画漁業権ですが、これは大きく2つに分かれます。ひとつ目は真珠養殖と極めて大規模な築堤式（湾の入り口を石や堤防で囲い、中の湾域を全部養殖漁場にするという方式）です。真珠は技術独占が非常に明確です。戦前は、御木本（みきもと）という真珠会社が技術の先端を走って、各地域にも技術独占をする真珠会社がいくつかありました。もし沿岸漁民に真珠養殖の漁業権を渡したら、従来の御木本が漁場を失って養殖できなくなり、かつ技術がなくて誰もやれない漁場ができてしまうおそれがあります。したがって、漁協を関与させずに知事から真珠養殖業者に免許（経営者免許）することになりました。その際の優先順位は、全国規模の真珠養殖企業が立候補することが想定されますので、住所要件よりも経験が優先される方式になっています。戦前に近い仕組みです。

その他の大半の養殖漁業は、これと異なる方式で免許されます。これは少額の資金で養殖業ができるため、多くの地元漁業者が希望するので、知事から漁協に免許が与えられます。具体的には組合員の中の誰かが養殖業をやりたいと言った時に、漁協がその代表になって県に区画漁業権を申請します。そして、やりたいという組合員がいない場合だけ、地元に住所を持たない第三者がこの免許を持つことができます。知事が漁協に免許するのが基本であって、漁協が申請しない場合に住所が異なる、あるいは住所は同じ地域にあるけれども、個人として申請した人が免許を得られるという形になりました。

定置網については経営者免許であるという点は戦前と同じです。しかし、戦前は経営者免許には申請者が複数いた場合にその順位を決める基準がなく、行政官庁が勝手に順位を決めていたのに対して、法改正によって優先順位が定められ、行政官庁の恣意的な判断がきかなくなりました。順番は、1つの定置網に対して複数の人たちが立候補して、「私がやりたい」と言ったならば、第1順位は地元の漁協です。多数の漁業者を結集しているのは漁協なので、「最大多数の人に利益が行くのが最善」という民主化原則にしたがって、地元の漁協が必ず最優先となります。地元の漁協が申請しなかった場合には、第2順位の地元の漁業者集団（地元の漁業者が7名以上でつくった集団）に免許が与えられます。そして漁協も地元漁業者集団も申請しなかった場合、それ以外の申請者たちが皆同じ順位の候補者になります。これらの同順位者の中から免許対象者を決める方式は、勘案事項というものが漁業法に列挙されてあり、それらの事項を総合的に判断して行政が決定することになっています。

以上をごく簡単にまとめますと、変更された点は漁協に多くの漁場の権利が渡されて、その漁場が地域の人たちにとって一番経済的に有利に利用できるように割り振る権限と義務を漁協が負ったということです。ただし、行政はこの部分については「漁協はケンカが起こらないように上手に漁業権を割り当ててください」とし、法的に特段の手当はしていません。したがって、漁協の中での既得権の調整について、漁協は多くの苦労をすることになりました。

漁協が得た免許に従って各組合員がどれだけの漁業権を行使できるか（各自行使権）については、法的な裏づけはなくて、漁協が調整して、文句が起こらなければ、それでいいということになりました。漁協は漁場のキャパシティとの関係でこれを考えなければならず、各自行使権は法的裏づけなしに、漁協の自治規制のもとで制限されます。例えば、カキ養殖業を大規模にやる漁業者が地元から出てきて、さらに規模を拡大し大規模な投資をしたいという時に、零細な高齢のカキ養殖業者との格差をどうすべきかという問題が生じます。漁協の行動原理としては、外との争いのときには地元漁業者を優先するという原則でがんばればすむのですが、地元から異論が出たときに、大規模な漁業者による投資を促進して地元産業を育てるのか、それとも上限を定めて比較的平等になるようにするのか、ここで争いが生じます。この基準を定めたのが１９６２年の漁業法の大改正です。

■1962年漁業法改正

１９６２年の漁業法の改正は、時代状況としては専業漁業者が増加してきたということ、そして貧しい漁民と豊かな漁業資本家という単純な格差ではなくて、次第に豊かな専業的な漁民もあらわれてきて、漁民自身の投資が増加してきたという変化があります。漁業者のなかで、投下資本を出せる人とそうではない零細漁民との分化が生じてきました。そうすると、経営の安定化・平等性を重視する戦後漁業法の原則だけでは、平等ではあっても小さな漁業者のまま皆が留まっていなければならないという問題が生じてきます。漁業専業者が専業で生活でき、経営体としても成長できる仕組みをつくらなければいけないという問題意識が強まったのです。１９６１年に農業基本法ができて、農業において適地適作の方針が明確化します。これによって構造改善の方針を明確化すべしという大義名分が農林水産政策の原則となったことによって、漁業法や水協法の改定も翌1962年に行われます。具体的には、漁協の正組合員資格の日数要件が変わりました。1948年に制定された水協法によって漁協の正組合員になれる人（漁協が正組合員にしないという決定のできない人）は、30〜90日の範囲で漁協が定めた日数以上漁業に従事している人になっていました。その結果、副業的な漁業者が多い漁協は定款で30日以上従事する人を正組合員と定め、なるべく漁業者が増えてほしくないという漁協は、90日以上漁業に従事している人を正組合員と定めました。30〜90日の部分だけが漁協の自由に決定できる事項（定款決定事項）になったわけです。

これを1962年改正で、90日から120日のうちのある日数以上と定款決定事項を変更しました。つまり、90日未満の漁業者は准組合員で、正組合員が総会で決定する漁業権行使規則によって、漁業権を部分的に使うことはできるが、規則の決定には参加できないことになったのです。准組合員には漁業権を行使させないという総会決定（合法）をしたら、准組合員は漁協の購買事業などは使えますが、漁業はできなくなります。このように、多数の地元住民が漁業から所得の一部を確保できるようにしていた仕組みを、漁業に所得の多くを依存している専業的な漁業者の利害を重視する方向に変更したのが、この時の制度改正でした。

加えて、漁業権行使規則を各漁協の必置規則としました。漁協の定款附属文書として漁業権行使規則を各漁協が作成し、漁協内での漁業権の割り振りは「以下の原則による」という内容のものを各漁協で作成します。例えば、「区画漁業権の漁場配分は、労働力が2世帯分ある家には○○台、1世帯分の家には○○台」と書きます。「他にも所得源を持っている漁業者は、利益の多い○○(漁業種類名など)は行なえない」というようなことも書いて良いのです。この書いたものは、県庁の認可を得ないと法的には認められませんので、余り差別的なことは書けません。実質的に生活できないようなものは書けないということになります。しかし、養殖漁場が10人分しかないのに30人が立候補したとき、差別化・格差づけができる原則を書き込まないと漁場配分ができないので、それを作成し県庁の認可を得て、これがルールになる、というようにして現在は運営されています。漁業権行使規則は、各漁協が持っていて、それに基づいて理事会が最終的に一人一人に対して「あなたが今年の行使できる漁業権は○○(漁業種類名、生簀の台数など)です」と提示する形になります。

以上に説明しましたように、江戸時代の仕組みが、具体的な適用方式を調整しながら次第に規則化されて今日に至っているということです。

今日漁場に空きができたことを理由に、戦前的な形でこの区画・定置については個人免許に戻す必要があるということを主張される人がいます。規制改革会議でそれが強力に主張され、震災復興のなかで、漁協に免許する区画漁場について、被災地において経営者に直接免許する制度が作られました。これを受けて、漁業法改正に向かうかどうかというところが注目されますが、こうした歴史的推移の持つ合理的な側面を無視して、戦前的な仕組みの方が企業経営にとって都合が良いという判断がなされるとすれば、現場では極めて大きな混乱がおこるように危惧されます。

第2部　制度編

■漁場利用の全体

第2部は制度編で、現在の漁業権制度がどのようになっているのかについて見ていきます。まず、海、漁場の利用にあたって漁場の区分を見ますと、陸域から順番に、漁業権漁場（1～3km限度）↓領海（12海里）↓200海里↓公海↓他国200海里↓他国の領海、となります（1海里＝1852m）。

漁業権漁場が陸側に近い部分にまずあります。瀬戸内海ですと数百メートルしかありませんし、大体1kmないし3kmくらいが限度で、3kmを超えるところはほとんどありません。北海道は漁業権漁場を広げる努力を続けてきましたので、5kmくらいまであるところもありますが、その程度です。

漁業権漁場の外側に領海があります。12海里（22・2km）までが現在領海になっており、主権が及ぶ範囲になります。それを超えたところで引かれている線が200海里線（370km）です。これは国連海洋法によって定められており、他国の漁船に操業させないで、自国だけの海として利用できるという排他的経済水域になります。したがって、370㎞までが日本の海であって、その1％（2〜3㎞）前後のところが漁業権漁場ですから、漁業権漁場は大変狭いということがわかります。

さらに、200海里の外側に、どこの国のものでもない海である公海があります。公の海だから自由に漁業ができるかというと、かつてはそういう海洋自由の時代もありましたが、現在は公海であっても、さまざまな国際規制が及んでいます。

公海の外は、他国の200海里、さらに他国の領海となりますので、他国の領海の手前までが日本の遠洋漁業の範囲になります。したがって、漁場的にいいますと、大部分の漁場は日本の漁業の中の「許可漁業」という形で1隻、1隻に対して、水産庁または県が許可を出すというシステムで操業が認められています。それとは別に、指定されていない漁業は自由な漁業（自由漁業）ですが、許可漁業とか自由漁業という区別は日本の区別ですので、国際規制はそれとは関係なしに存在します。

■許可漁業（遠洋・沖合中心）

先に見たように、海の大半を占めているのが許可漁業ですが、まずこれが何なのかということを見てから、漁業権の話に入ります。

許可漁業は、主に遠洋・沖合が中心ですが、沿岸漁業の中にも許可漁業はありますし、漁業権漁場の中にも許可漁業は存在します。

許可漁業は、農林水産大臣または知事が個別経営体に対して許可を与え、それ以外の人には絶えず禁止されている漁業です。漁業権漁業では、漁業権がなくなった場合には、自由漁業として誰が漁業をしてもいいという形になり、保護がなくなるのが漁業権です。これに対して許可漁業は、禁止状態が平常の状態としてあって、それが特定の個人に解除されるのです。

許可漁業として法律に最初に書かれているのは、指定漁業というもので、大臣許可漁業とも通称されます。農林水産大臣が1隻1隻の船に対して許可を出すものです。重要な沖合・遠洋漁業がその対象であって、投資の規模が大きい漁業といえます。代表的なものとしては、沖合底曳網とか大中型まき網があり、許可の期間は5年間です。

2番目は、全国的な大きな漁業ではなく、各県単位の県域の漁場で営まれている知事許可漁業があります。このうち漁業法が定めているのは、法定知事許可漁業というもので、資源圧力の強い小型底曳網漁業のようなものが該当します。それから、各県知事が自分の県ではこの漁業は全体としては禁止して、特定の個人に許可を与えるというように調整したいと考えた場合に、県の漁業調整規則の中にその漁業を入れて、知事が指定できるものがあります。これが県知事指定の知事許可漁業です。許可の期間は3年間です。

3番目は、大臣の承認漁業ですが、これは漁業法には書かれていません。当初は予定されていなかったのですが、様々な国際規制が入ってきて、どの船がその漁業をしているのかがわからなかったり、大臣が何を命令しても法律に書いてないから従わないということでは困るので、省令でもって定めた漁業が大臣承認漁業です。例えば、東シナ海ではカジキの流し網、はえ縄、太平洋では底刺網とか、余りなじみのないものですが、一部の漁場で国際規制との関係で存在しています。

■許可漁業と漁業権漁業

漁業権との比較で、許可漁業について誤解を避けるために確認しておきたいことは、漁業の許可制度においては企業の経済事情が優先的に配慮されているという点です。漁業権は地域性を持っていますので、漁業を営む地元の漁業者が優先して操業できるように漁業権を地元に与えるという発想がありますが、許可漁業にはそうした配慮はなく、企業の経営事情を優先的に配慮するという趣旨なのです。

よく誤解されるところですが、漁業法はかつて漁業者が非常に多かった時代に制定されたものなので、弱者優先・民主化優先の原則でつくられているというように理解されて、グローバル競争の時代に適さないなどと批判される場合があります。しかし、漁業法全体は必ずしもそうなってはいません。

漁業法の第1条に漁業法の目的規定が次のようにあります。

「この法律は、漁業生産に関する基本的制度を定め、漁業者及び漁業従事者を主体とする漁業調整機構の運用によって水面を総合的に利用し、もつて漁業生産力を発展させ、あわせて漁業の民主化を図ることを目的とする」

ここに2つの目的が記されています。第1に漁業生産力の発展、第2に漁業の民主化を図ることです。第1の漁業生産力を発展させるということは、漁場の持つ生産力を最大限産業として生かすということですので、企業が産業として漁業を営めることを前提にした仕組みをとっています。この2つの目的は、漁業法に貫かれている不可分一体の考え方です。

つまり、近海の漁場を産業として利用可能になるようにし、同じ産業として利用できるのであれば、東京に住んでいる人よりも地元に住んでいる人を優遇するという形になっています。しかし地元の人に権利を与えても、地元の資本が足りなくて漁業が行えない、漁場が利用されないということは避けるという原則を立てていますので、単純に弱者優先でもないし、民主化優先でもないわけです。これは大臣許可漁業によくあらわれています。

規則の細かな変更は複雑ですが、戦後の漁業法（1949年）によって大臣許可漁業では「許可を受けた者が許可の期間の満了により更に許可を申請した場合」には、その者に適格性がある限り必ず許可を継続すると定められています。すなわち「一旦許可を受けたらずっと許可が続くようにし、もしその許可を受けた船舶を他に譲渡したら許可もそれに伴う」、「期間が満了しても、船舶が変わっても、許可がつづく」とされたのです（水産庁経済課編『漁業制度の改革』1950年刊、759頁）。その趣旨は投下資本額の大きい企業経営の継続性を尊重し、漁業生産力の維持・発展を制度的に支えるということであり、この原則がその後も継続して今日に至っています。

このように、今までやっていた人（許可証を持っている人）が、許可漁業を継続的に行って経済的利益を得ることができますので、許可は、一種の個人的な財産になります。したがって、この許可が私有財産である「漁権」としてマーケットで売買されるようになり、どうしてもその漁業をやりたい人は、「漁権」を買えばよいということになります。「漁権」は、よく漁業権と間違えて理解されていますが、漁業権は売買ができませんし、更新が保証されるというものでもありません。

「漁権」と漁業権は全く別物です。「漁権」は漁船の1トン当たり何万円という価格表示で取引されますが、その漁業の利益が多いときは非常に高い値段になり、そうでない時は下がった値段で売買されています。このように、漁業の許可は、経営が上手く回っていくように、そして無用な争いが生じないようにする仕組みをマーケットに依存して作っており、非常に割り切ったシステムになっています。

これに対して漁業権は地元で実際に働く人が優先的に権利を得る仕組みになっており、東京に住んでいる人が権利を買い取って、地元に住んでいる人を安い賃金で雇用して、絞り上げるというようなことができないようにしているわけです。

■漁業権の種類

漁業権の種類は、漁場の利用の仕方によって分かれます。

漁場の第一の利用方法は、みんなが共同して、海を各自が利用する方式です。自分が魚をとる、あるいは海藻を拾うということが終わったら、次の人が使うという形で所有権のない対象物を漁獲する漁業があります。これは通常日本では「漁船漁業」という呼び方をしますが、漁船を持っていなくても海岸で流れてきたワカメの切れ端を拾うというような採藻の権利も、漁船漁業に分類されます。そういう所有権のない天然資源を陸上から拾ったり、船で海に出て魚をとったりというものが採捕の漁業であって、これに対応する権利が「共同漁業権」です。漁場に各自が入り合って、共同で利用するので、共同漁業権と呼んでいます。

これに対して、ある人が漁業をやると別の人は漁業ができなくなってしまう、つまり漁場を占有(occupation)してしまう漁場占有型の漁業があります。その1つが、海の中にトラップ(わな)を仕掛ける定置漁業権です。もう1つは、海の中に生簀(いけす)をつくって餌を与える、あるいは貝類や海藻類を垂下させて、海の栄養によって育てていくという養殖業を行なう区画漁業権があります。

定置漁業も養殖業も、海の中に構造物を置いておきますので、そこを他の漁業や人は利用できなくなります。したがって、漁場の関係でいいますと、共同漁業権を利用する人の間では排他性はありませんが、漁場占有型の漁業をする人と共同漁業をする人の間には排他的な対立関係が起こります。また、区画漁場を使う人同士の間、あるいは定置網同士の間でも、他の区画漁場や定置網が大きくなったり、数が増えたりということはお互いの利害がぶつかり合うことになります。狭い沿岸の漁場なので、みんなが仲よく漁場を使うという規則が必要になります。1隻1隻勝手に操業すればいいという許可漁業と非常に異なり、空間的な配置が問題になります。

沿岸で行われる漁業に漁業権を付して、免許するという形になりますが、免許の期間は現在5年のものと10年のものに分かれています。漁業の条件が次々に変わっていくような場合には、誰に漁業権を与えるかについて今年判定したものがいつまでも同じ順番になっているとは限りませんので、なるべく頻繁に公平性を審査し直したほうがいいといえます。しかし、一方で資本を投下して、区画漁場に養殖施設を入れたりするので、あまり頻繁でも困ります。そこで、頻繁に審査し直したほうがいいものは5年、そうでないものは10年と期間を2つに分けています。10年の期間がいいというものは、大資本を投入するもの、あるいは真珠のように大きい玉をつくるためには4年から5年かかるものなどです。出荷するまでに4年から5年の期間を要するものに、5年の期間では短かすぎるからです。共同漁業権も地元漁協にしか免許されませんので、ほとんど変更がないため期間が10年になっています。その他の漁業権は大半が5年です。

次に、免許の対象者をどのような順番で決めるのかということがありますが、申請した人の中から、あなたは不都合だという人間をまず除外します。これが適格性(漁業法第14条)という基準です。

「定置漁業又は区画漁業の免許について適格性を有する者は、次の各号のいずれにも該当しない者とする。

一　海区漁業調整委員会における投票の結果、総委員の三分の二以上によつて漁業若しくは労働に関する法令を遵守する精神を著しく欠き、又は漁村の民主化を阻害すると認められた者であること」とありますように、適格性のない人とは、海区漁業調整委員会（漁業者が選挙で選ぶ民主的な機関。85頁参照）で、「この人は漁業にとってよろしくない人物だ」と委員の3分の2の投票で認定された人です。漁業法令を順守しない、漁村の民主化を阻害するとみなされた人等々です。そして、申請者の中で適格性があり、沿岸の漁場を使っても大丈夫と認められた人間について優先順位を定めていくことになります。

■共同漁業権（漁業法第6条第5項、第14条第8項）

みんなが魚をとったり、海藻をとったりする共同漁業権ですが、それを理解するにあたって戦前の漁業権との違いを知っておく必要があります。歴史編で見ましたように、自分たちの漁村の目の前の海は自分たちが使えるというのが、江戸時代の慣行をもとにして戦前の漁業法が定めた規則でした。そこでは、自分たちの地先は自分たちの集団が専ら用いることができる、地先の漁場は専用できるということで地先専用漁業権といったわけです。これが基本的には同じ漁場のまま、戦後の共同漁業権に変わっています。

しかし、地先専用漁業権と共同漁業権には大きな違いが存在します。それは先ほど漁業法第1条で見たとおり、漁業生産力を発展させるという原則があり、「場」で囲い込んでしまうと、地元漁民が漁獲対象としていない魚が生じる可能性があるからです。代表例としては、浮魚が回遊してくる際に当該漁場を通るけれども、そこには獲る人がいないという事態が生じえます。したがって、生産力の向上を図るために、浮魚に対する釣り漁業は共同漁業権から除外するという規定が設けられています。

つまり、地先専用漁業権は場の権利として与えられていましたが、共同漁業権は場の権利性が否定されて、魚種が限定された漁業の権利という形になっています。この結果、組合員以外の人が共同漁業権漁場の中で釣りを行うのは、戦後の段階になりますと自由になります。したがって、遊漁船に釣り客を乗せて、漁業権漁場の中で釣りをするのは合法的ですが、網で魚を獲ったら漁業法違反になります。戦前は場の権利ですから、漁業権をもっていない人が釣り客を乗せて釣りをさせる場合には漁業権の外まで連れていくことが必要でした。もしくは漁業権を行使させてもらうために、漁協に遊漁船業者がお金を払って釣りをさせてもらい、何匹釣ったかによって割増金を払うというような形をとっていました。現在は、釣りは自由ですので、漁協にお金を払う必要は漁業法上はありません。

ただし、漁業者は漁協にお金を払って稚魚の放流を続けていますし、遊漁者が釣っている魚は浮魚のアジ・サバだけではありませんので、現実には遊漁者が「漁業協力金」などを払うことによって、お互いに我慢しあうという関係が多いようです。

共同漁業権の場合には、知事が地元漁協だけに免許を与えることになります。他の者はこの漁業権を申請することができませんので、10年たっても、その漁協があれば、免許を与える相手はその漁協しかありません。したがって、5年ごとに見直す必要はありませんので、免許期間は10年となっています。実際に10年経っても変わらないところが大半です。そして、地元漁協が免許を受けて、この免許を組合員の誰にどういう条件で行使させるのかを決めることになります。

これを先ほどの許可漁業のように組合員に対して知事が許可を与えるという方式をとりますと、大変たくさんの人間、例えば1つの県でもって、岩手県であれば1万人の漁業者に対して個々別々に許可を与えなければいけないことになります。「どの人に漁業権を与えるのがいいのか」「この人はまずいのか」という判断をしなければなりませんが、行政がそのような判断をすることはとても無理ですので、漁協に全部判断を任せます。漁協が「この人は漁業権を行使していい」「この人は行使しないほうがいい」という基準を決めて、その判定を行ないます。文句が出てきたら漁協が調整し、さらに文句があった場合は海区漁業調整委員会で審議してもらう仕組みになっています。

■5つの共同漁業権

共同漁業権の説明となりますと、必ず5種類の共同漁業権の説明がされます。必ずしもこれについて知っておく必要はないと思いますが、漁業権関係の本を読むと必ずこれが出てきますので、念のためにごく簡単に述べておきます。

共同漁業権には5つの区分があります。

①第1種共同漁業権は、地先の一番近いところに漁場区域が設定されるもので、動かない生物をとる漁業が該当します。アワビ、サザエ、アサリ、ハマグリとか、ワカメ、コンブなど、主として貝類・藻類が該当します。たくさんの人が陸から出ていってアサリを採ったり、海でも小さい船でとったりすることができる一番簡単な漁業といえます。これがどこの漁場にもある第1種共同漁業権です。

②第2種共同漁業権は、対象物は動くけれども、設置する漁具が動かないという漁業です。代表的なものは刺網です。網を海中に設置して、そこに泳いできた魚が引っかかり、動けなくなったところを引き揚げます。労働が簡単で、海の中の網の両端に浮きをつけて、ここに沈めたということがわかるようにして、下に重りをつけて入れておきます。魚道をふさぐ形で網が立っていますので、そこに魚が掛かります。作業としては、網を入れてから3時間後とか翌朝とかに網を揚げにい

き、魚を獲って、次の網を入れて帰ってくるというものです。後は網の手入れ等の陸上作業があります。沿岸漁業の中では海上での作業時間が比較的短い漁業です。なお、刺網という名称は、魚のえらの部分が網に刺さるところからきています。

このように漁具を固定して、動いている対象をとるのが第2種共同漁業権です。漁場区域は第1種共同漁業権と重なっているか、もう少し陸から離れたところまで続いているのが普通です。

③第3種共同漁業権は、獲る対象も動き回り、追いかけている船のほうも動き回っているものです。例えば地引網が該当します。地引網は、船で網を海の先まで持っていって、弧状に張り、陸上で網を引っ張るものです。他には船曳網があります。船が網をひっぱって魚をとる漁法です。船に動力が付くと許可漁業の対象になりますが、動力がないものが第3種共同漁業権で、打瀬網（うたせあみ）のように人力や風力、潮力によって、網を流して引っ張るものです。動力がないということは生産力が低いということですから、それで他の漁業者に迷惑をかけることが少ないわけです。そういうものが第3種共同漁業として認められています。

この中に飼付（かいつけ）漁業もあります。飼付漁業とは、ある場所で餌をまいて魚を集めておいて漁獲する漁業です。築磯（つきいそ）漁業も第3種に該当しますが、これは、例えば古い船を沈めて魚礁にして、魚がそこに集まるようにするとか、禁漁区を設定してそこに藻場を造成して魚が集まるようにして、そこで漁獲する漁です。このような漁場には漁協等が資本投下しますので、その見返りとして漁業権を設定して他の人は操業してはいけないようにしておく必要があります。

このように魚が動き回って、それを船が動き回って追いかけるという類いのものが第3種共同漁業権となります。

第4種共同漁業権は、漁業法の説明の本には書いてありますが、基本的にはすでにほとんど存在しないと言っていいでしょう。これは漁業法をつくるときに三重県に事例があって、これのおさまりが悪いというので第4種を設けたようです。例えば、寄魚（よりうお）漁業というものが該当しますが、これは沿岸でするまき網に近いものです。沿岸で多くの船が共同で漁場を使って操業していますが、この魚を寄せる寄せ方が独特で、周りに他の船が近づかないようにしないといけないので、そのための特殊な漁業権を認めてその時だけその漁場範囲から他の船を排除できるようにしたのです。他の共同漁業権者に網をまいた中に入られたり、周りで騒がれると魚が逃げてしまうので、この漁業を保護する必要があったわけです。特定の漁業権を設定することによって、他の共同漁業権で操業できる漁業者が、この部分だけは一時的に漁業ができないようにするという特殊な漁業権です。第4種共同漁業権に遭遇する機会は、多分ほとんどないでしょう。

第5種共同漁業権は、海の漁業ではなく、川・湖沼の漁業権です。内水面の魚類は再生産力が弱いので、この漁業権の免許を受ける内水面漁協は増殖の義務を負っており、稚魚を放流しなかった場合には、当該漁業権は取り消されることになっています。

以上をまとめれば、第1種は漁獲対象が動かない、第2種は漁具が動かない、第3種は両方とも動く、第4種は存在せず、第5種は内水面と区分できます。

■共同漁業権の設定

共同漁業権が、どのような形で設定されているのかを示したものが**図3**です。共同漁業権は、「第何種共同漁業権」という呼び方をしますので、共同漁業権の頭に第何種という呼称が入ります。大体の漁場で、第1種と第2種、第3種の3種類の共同漁業権が設定されていますので、これを**図3**で見ます。

まず**図3**の左方を見てみますと、①と②の線が一緒になっています。おそらく多くの地域がこれに該当すると思います。これは、第1種と第2種の共同漁業権の境目が同じということを意味しています。通常こういう場合は、漁場図の中では、共同漁業権とだけ書いてある場合が多いようです。

次に、図の真ん中ですが、これは生産力の高い漁場を抱えている地域になります。貝類をとる第

図3．共同漁業権の模式図

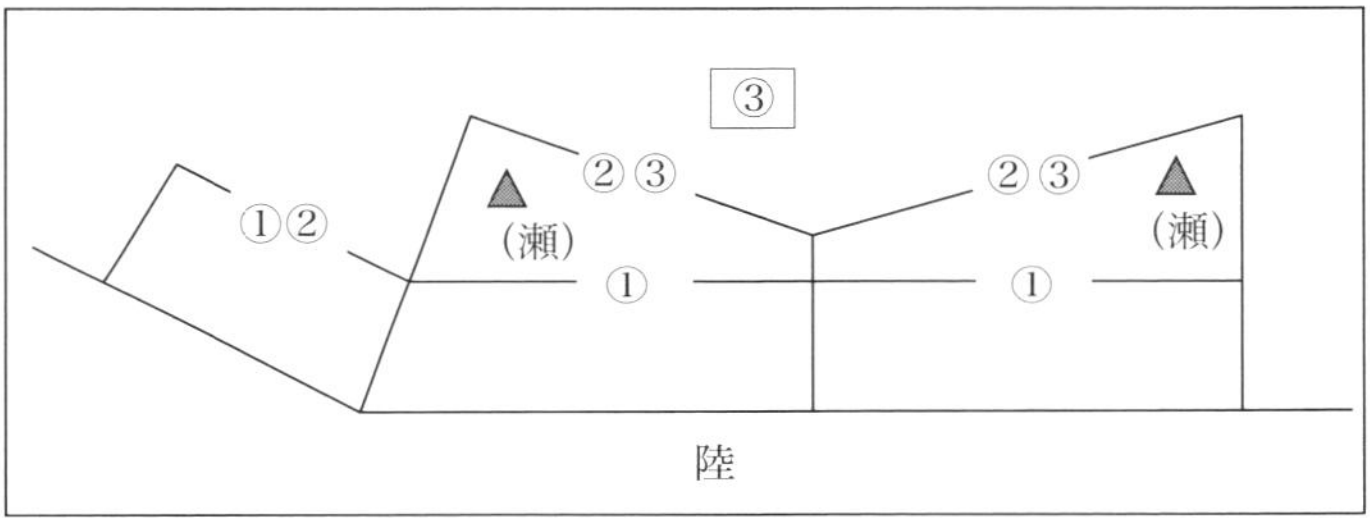

1種共同漁業権は、遠浅を中心にした漁場になりますので、陸に近い部分になります。その先で魚を刺網で固定して獲る第2種と、さらに魚を追いかけて獲る第3種の共同漁業権があるという形です。ここでは第1種が陸地に近いほうにあって、第2種と第3種の境界がその外側にあるという形で書いてあります。貝類が陸に近いところで漁獲され、魚を獲るのはもちろん陸側からつながって第1種と重なる部分にも第2種、第3種は存在していることになります。三角で記してあるのは「瀬」の部分で、魚が集まるところですので、これを共同漁業権の範囲内に囲うような形で漁場を設定するのが多いようです。

図の右側も、真ん中と同じような原理で漁場が設定されています。また、図の上の方に③が離れて存在していますが、このように共同漁業権がポツンと飛んでいる場合もあります。例えば、船を何隻も沈めて、「ここでは通常時は魚を獲ってはいけない。何月から何月の間だけここに集まっている魚をこの範囲の人たちが獲っていい」という特殊な漁業権として設定します。これは第3種共同漁業権の中の築磯（つきいそ）漁業権で、通常の漁業権の外側に設定されている場合も内側に設定されている場合もあります。

ここで、築磯漁業権等の共同漁業権が、実際にどのように設定されているのかを見たものが**巻頭図2**です。これは大分県大分市の漁業権図の一部ですが、地先に離島があります。図の真ん中の離島の周りに、変な形で囲われているのは藻場で、好漁場ということを意味しています。直線で記された大きな枠が、共同漁業権の区画です。この中は第1種・第2種・第3種の共同漁業権が設定されています。図の左上や右側に③と書いてありますが、これが共同漁業権の第3種の築磯漁業権に該当します。さらに、図の下に③がありますが、これも築磯漁業権です。船を何隻も沈めて禁漁期を設定して大事に漁をしています。それだけの努力を地元がしていますから、「ここに漁業権を設定しましょう。そして他の人がここで魚を獲ることはできませんよ」という形の第3種共同漁業権があります。現実の海には、このような形で漁場図が描かれています。もちろん海の中には線は引かれていませんので、絶えずその中には入ったとか入っていないという争いは起きますが、規則としては今見たように定められています。

最後に、共同漁業権のすべてを漁協に免許する意味ですが、沿岸の漁場は大変狭いです。そして、多くの漁業者が漁場から少しでも多くの所得をあげようとして操業しています。陸上だけでワカメを拾っている、あるいはアサリを採っている人たちも含めて、たくさんの人たちがこれを採ろうとしています。すると、資源に配慮する必要があります。さらに、漁業権の行使をみんな平等にするというのは、必ずしも公平とは限りませんので、みんなの納得が得られるような実質的な公平性を確保する必要性があります。そして、利用の権利をみんなに割り振っていかなければなりません。これを漁協の責任で実行するために、漁協だけにこの権利を免許するという仕組みが共同漁業権につくられています。このため、共同漁業権の免許は、地元漁協だけにあるのです。

■区画漁業権（養殖業）

区画漁業権（養殖業）は、先の共同漁業権（漁船漁業）と比べて何が違うのかといいますと、最初から魚などが所有権の対象になっていることです。養殖業では、生簀の中に魚を入れたら、最初からそれは所有権の対象になっています。魚を獲った瞬間に所有権が発生する共同漁業権とは異なります。そこに特質があります。

区画漁業権の区別の仕方には2通りあります。1つが法的な区別、もう1つが態様による区別です。

法的な区別では、養殖漁業を「特定区画漁業権」「区画漁業権（真珠）」「区画漁業権（その他）」

の3つに分けています。現時点では、大部分が特定区画漁業権だと思って、あとは無視していただいて結構です。特定区画漁業権とは、知事が地元漁協に優先的に免許するもので、先ほどの共同漁業権とほぼ同じです。つまり、組合員の中でたくさんの人がやりたがる（やれる）養殖業なので、「やりたい」という申請者がたくさんいて、県が一人一人の適否を判断することができないので、「漁協にお任せする」という意味で、知事が地元漁協に免許を与えます。そして、地元漁協が「誰に生簀を何台ずつ」というようなことを決定するのです。

ただし、共同漁業権と違う点は、共同漁業権の場合はもし地元漁協が申請しなければ、これは「漁業権のないところ」になります（現実には地元漁協が申請しないというところはありません）。これに対して、組合員で養殖業をやりたい人がいない場合には、漁協が区画漁業権を申請しない場合があります。その場合は、共同漁業権と違って個人が申請できます。

つまり、組合員のなかに養殖業をやりたい人がいない場合、外部の企業（経営者）が区画漁業権の申請をして免許を受け、養殖業を行なって漁場の生産力を高めます。漁場で養殖業が発達できる機会があるのに、組合員が申請しないことによって無駄に生産力が失われないように免許を与えるという考え方です。

次に、真珠の区画漁業権ですが、真珠養殖は昔は非常に大規模な資本と特殊な技術が必要でした。御木本（みきもと）真珠などがそうであったように、技術を閉鎖的に囲い込んで開発する必要があったので、知事が経営者に対して権利を与える方式がとられました。つまり、経験を持っている経営者に対して免許を与えないと、他の人は技術を持っていないので、漁協に漁業権を与えても誰も真珠養殖の漁場として活用できません。真珠養殖は、戦後の漁業法ができた1949年時点でいえば、外貨獲得のために極めて重要な産業でしたので、真珠養殖をやる漁場を他の目的で使うよりは、真珠養殖をしたほうが漁場の生産力を有効に使うことになると考えられていました。したがって、真珠養殖をやるという申請があれば、これを優先して申請者に免許しました。その際に優先される事項は「経験」です。東京に住んでいる真珠会社が「真珠養殖をやる」と申請した場合に、経験のない地元の人が、競争的に申請しても、法的には経験の有無が優先されるので、この場合は東京に住んでいる真珠会社に免許が与えられます。真珠養殖業はその後は随分事情が変わり、技術も普及し、資本規模も家族経営で対応できるようになりましたが、制度的にはそのまま今日にいたっています。

最後に、その他の区画漁業権です。これは事例は少ないのですが、知事が経営者（申請者）に対して免許を与えますが、真珠養殖とは異なって漁業権の通常の原則に従って住所が経験よりも優先されるというものです。例えば、東京で経験のある人と地元で経験のない人の申請が競合した場合、地元の人が勝ちます。

以上をまとめますと、大半の養殖業は漁業者が生簀を使ったり、イカダを組んだり、はえ縄を張ったりして生物を育てますが、これらは漁協に漁業権が免許されて、漁協が「誰にやらせる」「誰にやらせない」ということを決定します。特定区画漁業権以外は経営者（申請者）に対して免許が与えられますが、真珠の場合は経験、その他は住所が優先されます。ただし真珠養殖の漁業権も特定区画漁業権方式で運用している県もあり、真珠を特別扱いする必要はほとんどなくなっています。

■区画漁業権の設定

区画漁業権を態様で区分しますと、第1種・第2種・第3種の3つに分かれます。

①第1種区画漁業権は、私たちが普通に見るもので、例えば**図4**の右側の生簀ですが、陸に近いところにたくさん並んでいて、この中にブリや鯛やその他の魚が泳いでいます。他に、図の真ん中の長方形は、はえ縄やイカダをあらわしています。はえ縄ではワカメや昆布、張り網ではノリなどを養殖します。イカダではカキやホタテ等を養殖します。このようなものが第1種区画漁業権になります。真珠養殖も第1種の一つです。

図４．区画漁業権の模式図

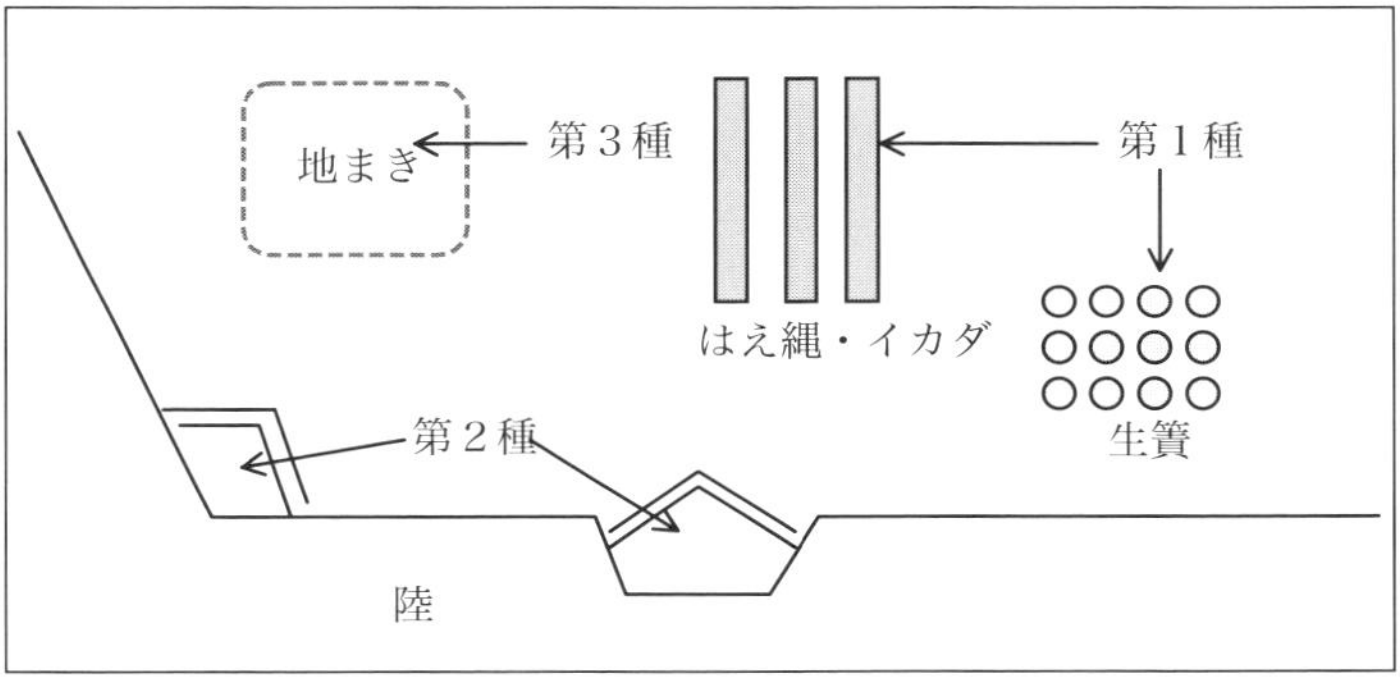

②第2種区画漁業権は、規模が大きく、入口を網で囲い込むというような形で大規模に漁場をとるものです。

③第3種区画漁業権は、地まき養殖が該当します。例えば、ホタテやハマグリ等で海底に一定の区画を定めて、その範囲にまきます。「まく」というのは、稚貝を買ってきて、あるいは稚貝をどこかで採ってきてまくので、お金がかかっています。したがって、その時点で所有権を法的に認めて区画漁業権の対象にしてしまうのです。所有権のあるものを海の中にまいて、そのままにしておいたら誰が採ってもいいものになってしまいますので、ここに第3種区画漁業権を設定し、「ここの中にある貝はもう所有権があるぞ。採ったら泥棒だぞ」と言うために設定するのです。

■定置漁業権

定置漁業権とは、定置網を設置できる権利です。定置網については、戦前も全く同じ名称で定置漁業権がありましたが、戦前の定置漁業権は定置網を使う場合はほとんどすべて定置漁業権が設定されていました。それに対して、戦後の定置漁業権は数を減らす趣旨で大型定置網に限定しました。多額の投下資本が必要な大型定置網だけを対象とし、その他の小型の定置網は第2種共同漁業権の対象にしました。これによって戦前の定置漁業権のかなりの部分が定置漁業権を名乗らずに(共同漁業権を名乗って)組合管理漁業権に変わったことになります。言い換えれば、誰が小型の定置網をやれるかの決定権限が知事から漁協に移ったことになります。漁協は地先漁場の管理権をそれだけ強めることができましたし、行政はそれだけ責任を減らすことができたことになります。

漁協に大型定置網の権利を認めて、漁協から組合員が免許される、あるいは漁協から借りるということになると、漁協が権利を「今度は組合員のこっちの人に渡したい」というような決定をするかもしれないので、資本を大量に投下する大型定置網の権利を強く保護できないことになります。そのために、共同漁業権ではなくて大型定置網だけを定置漁業権の対象にして、漁協が定置網の経営者の決定に関与できないようにしたのです。

それでは、「大型」というのはどれくらいの大きさをいうのでしょうか。考え方としては、投下資本額がいくらという案もありえますが、漁業法では極めて機械的に身網（定置網の本体部分）の深さが27m以上ある網となっています。平均海面から27m下まで網がつながっている、つまり深いところでやっている定置網を大型定置網と称しているわけです（ただし北海道では、サケを漁獲する定置網は、定置漁業権の対象になっています）。

例外もありますが、基本的には身網27mという基準を決めて、戦前の定置漁業権のうちの相当部分（小型定置網）を共同漁業権の第2種の中に入れたのです。定置漁業権であれば、県が場所を特定し、行使者も特定しますが、共同漁業権であれば、漁協が誰にどういう条件で操業させるかを決めることができます。したがって、「今年はサケがたくさん獲れそうだ」となれば、去年は10か統だった小型定置網を20か統に増設することができます（1つの定置網を「1か統」と数えます）。

つまり、小型定置を第2種共同漁業権に変えて、漁協の判断で増減や場所の移動ができるようにしたのです。結果について統計で調べますと、改革前の戦前の定置漁業権は全国で2万1555か統ありましたが、改革後の定置漁業権は5502か統と4分の1になっています。多くの定置漁業権が共同漁業権の中に入ったことがわかります。

■定置漁業権の免許対象と優先順位

定置漁業権の免許の対象は、1つの定置網に1人の経営者しか申請しない場合には、当事者に適格性があればそれで決まりですが、複数の申請者（経営者）が免許を申請したときには、知事がその中から適当な経営者を選びます。漁協自身が定置漁業権を申請する場合も多いですが、この時の漁協は共同漁業権や特定区画漁業権の場合のような漁業権の仲介者（自らはその漁業を操業しないことが条件）ではなく、自らその漁業を経営する立場で立候補しているのです。つまり、経営者が免許を受けるのですが、その経営者がたまたま漁協だというのが漁協自営の定置網になります。

優先順位については、漁業法の条文を読むと極めて複雑に書いてありますが、簡単に言えば以下のようになります。

まず第1の優先順位（漁業法第16条1項）は、漁業者と漁業従事者が優先されて、その他の人は次の順位になります。漁業者というのは現在漁業を経営している人、漁業従事者というのは、漁業経営者のために労働する家族や雇用者のことを言います。つまり、商人や何も産業をやっていない人、ただの金持ち等の人が申請した場合は、漁業をやっている人が優先されるというのが1番目の原則です。

2番目の優先順位（前条2項）は、定置網漁業を経験した人と沿岸漁業一般を経験した人、漁業の経営をしたことがない人がいた場合には、定置網漁業を経験した人が優先されます。3番・4番目の優先順位（前条3・4項）は、当地で定置網をやった人と他地域の定置網をやった人がいた場合には、当地の定置網をやった人が優先されますという類いの「経験」の限定です。5番目の優先順位（前条5項）は、上記のものが全部同じだった場合には、労働条件の改善に努めている人や、この人が当地で定置をすることによって、地元で生業を失う人を何人その後に雇用するか、というようなこと等を勘案して県が免許すべきであると規定しています。

1つの定置網を申請するためには、莫大な資本が必要ですので、1つの網には2人か3人しか申請しませんでした。その場合には県が審査できるということで、間に漁協を入れずに県が直接審査します。その際、県が業者と癒着しないように、あるいは各県によって余り大きな判断の違いがおきないように、水産庁が法律の中に、「必ずこの順番で優先順位を決めなさい」という規則を書き込んでおいたのです。この書き込み方の中に漁業者優先、地元優先という考え方が入っています。

そして、上記のような決め方をして誰かが決まったとしても、次の人がいた場合にはこういうものが全部ご破算になって、優先順位1位と2位は別の人になります。第1順位は地元漁協です。細かい条件は色々ありますが、第1番目は地元漁協、第2順位は、漁協が申請しない場合、地元の漁民7名以上が構成員である地元の集団です（この集団にも色々な条件あり）。単純に言いますと、地元漁協が第1順位、地元の漁業者集団を含む組織が第2順位で、第3順位以降は先に説明したような順番で決まってきます。もちろん一つの定置網に対しては第一順位者だけが決まれば話は終わりですので、地元の漁協が申請すれば、適格性がある限り必ず漁協が免許されることになります。

2001年の漁業法改正によって地元漁業者集団の一部は地元漁協と同じ第一順位となりましたが、実質的にはほとんど意味のない変更であること、説明が極めて複雑になることから、ここではこのように言っておきます（興味のある方は漁業法第16条第8項を見てください）。

■組合管理漁業権（共同漁業権、特定区画漁業権）と組合員の行使権

組合管理漁業権というのは、漁協（組合）が県から免許されて、漁協がその漁業権の使い方を決めて、組合員に使わせるというものです。組合管理漁業権は、共同漁業権と特定区画漁業権が該当します。いずれも県から漁協が免許を受けて、多くの組合員が漁協の規則に従って、その漁業を営む、または営めない、ということになります。

これについては、当初の1949年に定められた漁業法では、「組合員は漁協の漁業権に基づいて各自漁業を営む権利を有する」と書かれていました。各自漁業を営む権利を有するというのは、組合が県から漁業権を免許され、この免許を使って漁業を営む権利は各漁業者にあるということで

す。

ここで、例えば生簀が100台しか当該漁場には入れられないとします。損益分岐点を考えると1人10台の生簀がなくては経営が成り立たない場合に、20人の漁業者が申請したので200台なければ希望がかなえられないということが起こります。こういう状態は、初めからわかっており、各申請者が「各自漁業を営む権利」を100%主張したら配分ができないことは明らかでしたが、「各自漁業を営む権利」の保証をどうするのかという運用面の問題については、全て漁協に任されていました。もちろん現実には漁場の制約から申請の制限が必要でした。漁協は様々な人間関係や使える漁業権・使えない漁業権を考えながら、法律がどうであろうと地先の漁場はこれだけしかないのだから、お互いに譲り合わなければいけないと説得してやってきました。

しかし、徐々に専業的な漁業者がたくさん出てきて、投資額が家族単位の養殖業でも大きくなってきました。ホタテ貝などは3年~4年と海に入れておく期間が長くなってくると、お互いに譲り合うだけでは行き詰り、1962年に漁業法と水協法（水産業協同組合法）の大きな改正が行われます。結果として、「各自漁業を営む権利を有する」という規定がなくなり、「各組合員は漁業権行使規則に従って漁業権を行使する」ということになります。これによって、各漁協は漁業権行使規則をつくることが義務づけられ、これを漁協定款附属文書として県に提出して県の認可を得なければばならなくなりました。この中に、「誰にどの漁業権をいかなる条件で行使させるのか」ということを抽象的・一般論的にですが、書かなければいけなくなります。これで各漁業者の権利を合法的に制限できるようになったわけです。

漁協では通常、理事会のもとに「漁業権管理委員会」※を設置しており、この委員会が漁業権行使規則に基づいて各自の漁業権行使の原案を作成します。Aさんは生簀10台、Bさんは8台、Cさんは5台というように経験に基づいたり、家族の労働力に基づいたり等々、抽象的な基準を応用しながら原案を作成し、それを理事会で決定する方式になっています。したがって、組合管理漁業権というのは、漁業者が納得して裁判などを起こさないようにするために、漁協の中で話し合いをして納得し合うことが重要です。納得し合うときに、漁場に制限がある限りどうしても格差づけをしなければいけないので、それについては漁業権行使規則と漁業権管理委員会の方式をとって納得を順次得ていくような仕組みになっています。

現在、漁業権を漁協から外せという主張が規制改革会議で一貫して出されていますが、その場合にこの部分をどうするのか。漁協を外した場合、①行政がすべての漁業者の漁業権の行使を決定し、それが守られているかをチェックするか、②他人よりも高いお金を出した人が漁場をとれるという入札方式にし、誰が漁場を使うべきかといった原理的な考慮は一切なしにして、資本力のある企業が漁場を集中できるようにするか、③くじ引き方式を採って、はずれた人は不運だったとあきらめるか、どれかしかないだろうと思います。どれも現状にそぐわないし、すべきでないというのが私を含めて規制改革会議に反対をしている者の意見です。

以上は、漁業権が決まっている場合に、その漁業権をどうやって申請者に分けていくのかということですが、では分けるべき漁業権をどうやって事前に決めるのかという問題が次に生じます。

■免許すべき漁業権をどう定めるか

どこに定置漁業権を置き、どこに区画漁業権を置くのか、ということを誰がいつ決めるのかというのが漁場計画の話になります。１９４９年の漁業法では漁業権を一斉に切り替えるという方式をとっていますが、漁業権は5年のものと10年のものがありますので、5年に1度ずつ切り替えの時

※「漁業権管理委員会」の委員には、漁協の組合員がなります。実際には、その漁協の中で生計を立てるのに重要な漁業種類がいくつかありますが、その代表者が委員になっているのが通常です。生産部会の中には、刺網部会、アワビ部会、一本釣り部会等があり、そこから何人かずつが委員になり、当該漁業についてはよく事情がわかっているので、1次的な利害の調整ができる場合が多いのです。

期が集中することになります。県によって1年間のずれがあるところもありますが、県ごとには必ず5年に一度一斉に切り替えをします。そして、切り替えの3か月前までに漁場計画を公示しなければいけないという規則があります。

漁場計画の公示までの間に漁協と県、それから漁業をやりたい個人と県の間で、「ここにこういう新しい漁業権を設定してください」ということを申請し、そして県の方は「それを申請した場合にマイナスになる人の印鑑をもらってくるように」と言うわけです。つまり、漁協単位での調整が済んだ、あるいは漁協と漁協外の調整が済んだという証明を求められます。これに従って申請者は利害関係者等から了解をもらってきて、県に申請します。これを県が審査して、「ここに設定しても無理はないだろう」と判断すると、県の原案の中にこの新しい漁業権が入ったり、区画漁場の位置が動いたり、海の真ん中に第3種共同漁業権がポツンと加わったりというような新規の漁業権部分がでてきます。そして、これを県が公示する場合、漁業者の選挙で選ばれた委員が過半数を占めている海区漁業調整委員会にこの原案を出して、その意見を聞かなければいけません。

この「意見を聞かなければならない」というのがくせ者です。漁業調整委員会は行政委員会ですから権限は非常に強いので、「意見を聞かなければならない」、それから「公聴会を開かなければならない」という規程は実質的な意味を持ち得るはずです。しかし水産復興特区の場合にも漁業調整委員会の意見を聞きましたが、全然まとまりませんでした。しかし、意見は聞いたということで、宮城県知事が特定区画漁業権を経営者に免許したのです。「意見を聞かなければならない」という、その拘束の度合いは非常に限られているように運営されました。

いずれにしても、免許すべき漁業権は一斉切り替え方式の中で変更されていきます。原案は知事、実際には水産課の担当者がこれをつくって、漁業調整委員会にかけて了解をもらっています。漁業調整委員会の意見を聞いて、公聴会を開き（義務）、原案がつくられます。

一旦免許されたら、次の切り替えの時までに各漁協から県へ次の切り替えの際の要望が行きます。「定置網を今度は1か統増やして欲しい」とか、「この場所をずらして欲しい」というようなことを伝えます。このような場合に、漁協の中であればこの調整がしやすいということで、定置漁業権を漁協が持っている場合には調整の相手（共同漁業権を失う人）は漁協の組合員なので、調整はスムーズです。

■漁業権の変更・消滅

漁業権の規定で複雑になるケースとして漁協合併の場合の対処法があります。これまで水産政策の重要な課題として漁協合併が進められてきましたが、その場合、漁業権はなるべく広いほうが漁業者が入り合って利用できるので、生産力の発展になるという考え方を水産庁はとっていました。漁業者は加入している漁協の漁業権を使用できるという原則に立てば、漁協の前浜の横の線が500mしかないよりも、いくつかの漁協が合併して5㎞くらいの広い漁業権にしたほうが、漁業者が操業できる海域がずっと広がるので、生産力の発展になるだろうと考えたのです。

しかし、こうした変化は漁協合併を阻害する面がありました。通常漁協同士は江戸時代から隣同士は非常に仲が悪く、1つ離れた漁協とは仲が良いという関係が慣例的に言われてきました。隣同士だと隣接する漁業権を相互に奪い合う関係にあり、相手の漁場を行ったり来たりということもあります。自分の漁場は大事にして禁漁区をつくったりして丁寧に管理して資源を増やし、その分を隣の漁場で漁獲して大急ぎで戻ってくるというような形の漁場侵犯があります。だから隣同士の漁村は仲が悪いことが多いのです。これに対して1つ先の漁協は「敵の敵」の立場になりますので、仲が良いと言われてきました。そうした漁協が合併して漁業権が一つになると、かつての敵が自分達の地先漁場で操業できることになりますので、資源管理をしっかりやっている漁協ほど、合併に反対の態度に傾斜します。この結果、「自分たちの昔からの漁場が奪われる」という意識がでて、合併が進みませんでした。

その結果水産庁は合併しても漁業権は統合しないで、従来のままにするという仕組みを採用せざるをえなくなり、漁業法はその方向で改定されました。柔軟に漁場を利用できるという利点を犠牲にして、従来の旧漁協の範囲で漁業権は動かさないと定めました。こうして漁業権の行使方式は、現実には漁協合併が進む以前とほとんど変わっておらず、広域的な利用は行われていないケースが多いのです。

■海区漁業調整委員会

海区漁業調整委員会は、戦後の民主化の象徴的な存在と考えられます。漁業者が直接選挙によって選んだ委員が委員会を構成し、強い権限を持って漁業に対する争いごとを裁くというものです。通常、県に1つの海区漁業調整委員会が設置されています（複数設置されている県もあります）。委員は15人、そのうちの9人が漁業者で、この人たちは漁業者の直接選挙によって選ばれます。したがって、漁業と漁業外の争いがこの委員会にかかるような場合には、漁業者が過半になりますので、漁業者の意思が通りやすくなっています。他の6人の委員は知事の任命です。

海区漁業調整委員会が行政の諮問に答えたり、漁場の紛争があった場合はその調停に当たったり、それから立法的な行為も行い、関係者に委員会の指示を出したりというように、強い権限を持っています。色々な漁場争いの局面に行政がかかわっても、行政には調整する権限も能力も十分にはありません。これを地域の漁業者の話し合いの場で解決をするために海区漁業調整委員会を設けています。戦前にはこういう制度はなかったので、これは民主化の象徴的な存在と言えるでしょう。

第3部　運用・実態編

■実態把握の困難性

運用・実態編は、今までの歴史編、制度編に比べますと、体系性のない散発的な指摘になる可能性があります。これは、現実が十分な体系性を持って存在しているわけではなく、地域の実情に応じた形でかなり柔軟に運用されているからです。現実との対応でそういう面があるということを最初に述べておきます。

実態把握は2つの領域に分けて考える必要があります。

第1に、漁業権を与える県が漁協あるいは経営者に対してどのように漁業権の免許を出しているかという部分が1つの領域になります。漁業法で書かれていることは、概括的なことだけで、具体的なところは県の権限が非常に大きいのです。

漁場計画は、海の状態、特に水深や海流といったものがどうなっているのか、また、それぞれのところでどういう資源が存在しているのかといったことに関係します。したがって、法文に書いて一義的に決まるということにはなりませんから、ほとんど県の担当者が、これまでどうだったのかということを前提にしながら定めていきます。水産庁があれこれ指示できるような状況ではないわけです。

免許についても、制度編のところで説明しましたように、免許を与える優先順位はありますが、優先順位が同じ順位の人たちが多い場合は、勘案事項というのがたくさんあります。その勘案事項は法律ではたくさん羅列してあるだけで、どの勘案事項をどれだけ重視するかといったことは全部、県に任されています。県の決定権限が非常に大きいので、県によってかなり実情が違います。したがって、一義的に定まるわけではないのです。

第2に、漁協に与えられた漁業権を組合員に対してどのように分けていくのかという問題領域があります。漁協による組合管理漁業権の運用というのは漁協と組合員との関係になり、組合員にどう漁業権を行使させるかということです。これは人間関係にかかわってくるところで、細部まで文章で定められるようなものではありません。そういう点で、1つの規則のもとにピシッと決まってくるようなものではないということが、運用・実態把握の難しさになります。

■漁業権の実際の状況

県の水産課から各漁協あるいは経営者に対して免許を与える際に特徴的な傾向を確認してみます。

まず、**巻頭図3**を見てください。これは海上保安庁のホームページから入った各県の漁業権図の中で、富山県の東海岸の部分を示したものです。陸地側に氷見などの地名があります。陸地が薄茶色の部分で、薄青色のところが共同漁業権の範囲です。

制度編のときにも少し説明しましたが、共同漁業権の中に定置漁業権や区画漁業権が設定されているのが、全国の一般的な傾向です（**巻頭図1**参照）。これは漁業権が沿岸からどんどん沖合に出ていくようになると、沖合で操業している沖合漁業とのぶつかりが大きくなるからです。

この図から、定置地帯では、定置網で地域振興が図られたという歴史的な経緯を裏付けとして、定置網の設置場所が共同漁業権の範囲から相当外側に伸びていることがわかります。沖合に対して、共同漁業権は資源の関係もあってなかなか出ていきませんが、回遊魚を主として押さえる定置網は沖へ出ていけば、それだけ獲れる傾向があります。この図からは定置漁業権を沖に出していくという強気の姿勢が垣間見られます。このように、県によってかなり漁業権の設定の仕方が違っているという事実があります。

表1は、共同漁業権の具体的なあり方を示しています。新潟県の事例ですが、表頭に並んでいる「新共」というのは新潟県の共同漁業権ということです。漁業法では、第一種共同漁業権はこのような内容で、このように許可するということしか書いてありませんが、現実の漁業権は**表1**のように内容物（その漁業権によって漁獲してよい生物の種類）が特定されています。漁業権免許の中に、この漁業権の対象魚種はこれだと特定されているのです。

表1を見ますと、例えば、最初の漁協に免許されている一番左側の新潟第一種共同漁業権第1号の場合は、左側に書いてあるような魚種について、共同漁業権が免許されているということになります。この漁協の海岸線の中で組合員でない人がアワビやサザエ、カキ、ナマコ等の○の付いているものを採ると法律違反・漁業法違反になります。それに対して、新潟県の共同漁業権第4号、11号などは、アワビ、サザエが内容物から外れています。したがって、ここでアワビ、サザエを、泳いでいるレジャー客が採っても構わないということになります。

ただ、現実には漁協の人が密漁ではないことを確認するために、昼間も夜も巡回していたとしても、遊びに来た人が潜って何か採っているというときには、お金になるアワビを採っているのか、ヤドカリを採っているのかということはわかりません。したがって、海岸に行くと、よく看板があって、漁協の名前で「この海岸線には共同漁業権が設定されていますので、魚や貝をとってはいて、沖合漁業とのぶつかり合いを沿岸漁業者本位に調整すれば、どこまでも沖に出せる可能性が出てきました。現実には行政が一方に肩入れすることは困難ですので余り極端な結果にはなりませんが、マーケットでいい値段で売れるものが出た場合に、それに対応して技術が変化し、漁業権の設定場所が変化するという事態が生じたわけです。

そうすると、戦後、真珠養殖漁場の拡張が難しかったことの根拠も容易に理解できるでしょう。つまり、経営者免許になっていて、漁協が免許をもらえない真珠養殖業は、利害が漁協の中の人と外の人とで対立する構図になりますので、その拡張が難しかったということがわかります。

なお、マーケットの変化と技術の改善に対して、漁業権が遅れずに対応できるようにするために、漁業法の中には「暫定免許」「短期免許」という規定があります。これは、免許を5年間待たなくて済むように、「短期の免許を出す」「試行のための免許を出す」というやり方です。したがって、漁業権の5年ごとの更新という縛りは、現実には経営の要請によって柔軟に変化できるといえます。

■沖出し距離制約と漁船性能向上の衝突

3つ目の問題は、制度と経営の矛盾があらわれている漁業権の沖出し距離の問題です。先ほど説

表１．新潟第一種共同漁業権対象魚種一覧表

漁業権者＼対象魚種	新共第1号	新共第2号	新共第3号	新共第4号	新共第5号	新共第6号	新共第7号	新共第8号	新共第9号	新共第10号	新共第11号	新共第12号	新共第13号	新共第14号
	粟島浦漁協	新潟漁協（山北）	新潟漁協（岩船港）	新潟漁協（岩船港）	新潟漁協（北蒲原）	新潟漁協（北蒲原）	聖籠町漁協	新潟漁協（南浜·松浜）	新潟漁協（新潟）	新潟漁協（五十嵐浜）	新潟漁協（西蒲）	新潟漁協（西蒲）	寺泊漁協	寺泊漁協·新潟漁協（出雲崎）
えご	○	—	—	—	—	—	—	—	—	—	—	—	○	○
わかめ	—	○	—	—	—	—	—	—	○	—	—	—	—	○
いわのり	○	○	○	○	—	—	—	○	○	—	○	○	—	—
もずく	○	○	○	○	—	—	—	—	—	—	—	—	○	○
あかもく	○	—	—	—	—	—	—	—	—	—	—	—	—	—
うみそうめん	○	○	—	—	—	—	—	—	—	—	—	—	—	—
あわび	○	○	○	—	—	—	○	—	○	—	—	—	○	○
さざえ	○	○	○	—	—	—	○	○	○	—	—	—	○	○
かき	○	○	○	○	—	—	○	○	○	—	○	○	○	○
なまこ	○	○	○	○	—	—	○	○	○	—	—	—	○	○
あおのり	—	—	—	—	—	—	—	—	—	—	—	—	—	—
いがい	—	○	○	○	—	—	—	—	—	—	—	—	—	—
にしがい	—	○	—	—	—	—	—	—	—	—	—	—	—	—
うに	—	○	—	—	—	—	—	—	—	—	—	—	—	—
たこ	—	—	○	○	○	○	○	○	○	○	○	○	○	○
あさり（こたまがい）	—	—	—	—	—	—	—	○	○	○	○	○	○	—
てんぐさ	—	—	—	—	—	—	—	—	—	—	—	—	○	○
あおさ	—	○	○	—	—	—	—	—	—	—	—	—	—	○
えむし	—	—	—	—	—	—	—	—	—	—	—	—	—	—

※「○」…対象魚種のため一般の方の採捕不可。「－」…対象魚種ではないため一般の方の採捕可能。
※括弧内は実際に管轄する支所を表す。

けません」等と書いてあります。行政の名前で書いてある場合もあります。しかし、アワビを採って良い所もある。しかし、いちいち何を採っているのかというのを確認するのは大変なので、こういう表はあまり表に出さないで、何もとってはいけないような説明の仕方になっているのが普通です。

このような細かな話は県の段階で抑えておい

て、あまり知らせないのですが、新潟県の場合は、これを一般人、つまり具体的には遊漁客に明らかにしています。表の一番下に「『〇』…対象魚種のため一般の方の採捕不可。『－』…対象魚種ではないため一般の方の採捕可能」と書いてあります。これは県の水産行政の姿勢が、規制緩和を進めて一般客、レジャー客が海を利用して、漁業者が独り占めにしないようにという方向性を出しているように推測されます。

したがって、単純に浮魚は自由に釣りができて、その他のものは獲ってはいけないというような言い方をしていますが、現実には運用規則の中で、このように内容物の特定があります。

次に、**図5**ですが、これは千葉県の銚子から勝浦に至る地域の漁業権を示したものです。これを見ますと、地域の力関係によって漁業権の設定が非常に異なることがわかります。法律に書いてあるようなことがそのまま適用されれば、類似の海域では同じように設定されるはずですが、そうではないことを示す一例と考えられます。

まず、銚子市から一宮町に至る弓なりになった九十九里浜の部分ですが、ここのところは海岸線からごく近いところ（陸から３００ｍぐらい）に共同漁業権が設定されています。そこから外の部分には漁業権はありません。沿岸漁業者であっても許可を得ないと操業できない地域になっています。この地域はまき網など沖合漁業の力が強かったので、その勢力が地びき網と分け合う形で、地

図５．千葉県漁業権概要（平成 25 年度版）・外房地区

びき網のところは共同漁業権が設定され、それ以外のところは自由漁業地帯になっていたと推測されます。

一方、いすみ市以南では、沖合漁船を入れないという結束が強かったこともあって、共同漁業権の沖出し距離が非常に長くなっています。砂浜か岩場かという自然条件の違いの程度を大きく越えてこうした相違が見られる背景には、漁業者同士の江戸時代からの長

い調整過程を通じて、沿岸漁業の力が強いところは漁業権が広く、そうでないところは狭くなっていることが読み取れます。

次に、南の方を見ますと、共同漁業権が重なっているところがあります。例えば、共52と書いてあるいすみ市の沖側で見ますと、共第52号というのは**表2**の下から4番目のところにあります。この共第52号は、夷隅東部漁業協同組合に免許されているひらめ固定式さし網です。**図5**ではそれにかぶさって、その沖側に共51があります。共51は**表3**を見ますと、夷隅東部漁協に共51として免許されているのがわかります。ここから第一種共同漁業権で、内容物の中にアワビ、サザエ、イセエビなどが入っているということがわかります。

もう一度、**図5**を見ますが、共51と共52の関係は、陸地から共51の先端までが第一種共同漁業権になっていて、共52の部分が第二種共同漁業権になっています。このように複数の共同漁業権が重なっているところもあるし、**図5**の北側のように1種類だけ設定されているところもあります。**図5**にはありませんが、第一種、第二種、第三種が全部同じ線で重なっているところもあります。これは各県の方針と漁協の申請の仕方によって非常に異なっています。次に、県が漁業権を免許するに際して様々な問題がありますので、その例として①漁業権免許の固定度、②漁業生産力の発展と漁業権、③沖出し距離制約と漁船性能向上の衝突、それぞれについて説明します。

表２．千葉県の第２種・第３種共同漁業権の各種漁業一覧（一部抜粋）

①固定式さし網漁業（第２種共同漁業）

漁業権番号	漁業権者	漁業種類
共第１号 短共第１号	南行徳漁業協同組合 市川市行徳漁業協同組合	雑魚固定式さし網
短共第２号 短共第３号	船橋市漁業協同組合	雑魚固定式さし網
共第７号	木更津漁業協同組合・牛込漁業協同組合・金田漁業協同組合・久津間漁業協同組合・江川漁業協同組合・木更津市中里漁業協同組合	雑魚固定式さし網
共第９号	新富津漁業協同組合	ひらめ固定式さし網・きす固定式さし網・こち固定式さし網・かに固定式さし網
共第 13 号	天羽漁業協同組合・富津市下洲漁業協同組合・大佐和漁業協同組合	いか固定式さし網・くるまえび固定式さし網・かに固定式さし網・いなだ固定式さし網・ひらめ固定式さし網
共第 17 号	鋸南町保田漁業協同組合・鋸南町勝山漁業協同組合・岩井漁業協同組合	くるまえび固定式さし網・かに固定式さし網・かます固定式さし網・いなだ固定式さし網・ひらめ固定式さし網
共第 20 号	館山船形漁業協同組合 富浦町漁業協同組合	くるまえび固定式さし網・かに固定式さし網・かます固定式さし網・いなだ固定式さし網・たい固定式さし網・ひらめ固定式さし網
共第 22 号	西岬漁業協同組合 波左間漁業協同組合	いなだ固定式さし網・ひらめ固定式さし網
共第 37 号	館山市相浜漁業協同組合・西岬漁業協同組合・館山市布良漁業協同組合・東安房漁業協同組合	いなだ固定式さし網・すずき固定式さし網・いさき固定式さし網・ひらめ固定式さし網
共第 38 号	東安房漁業協同組合	ひらめ固定式さし網・いなだ固定式さし網
共第 45 号	鴨川市漁業協同組合 東安房漁業協同組合	かに固定式さし網・いなだ固定式さし網・すずき固定式さし網・いさき固定式さし網・ひらめ固定式さし網
共第 48 号	新勝浦市漁業協同組合 勝浦漁業協同組合	いなだ固定式さし網・ひらめ固定式さし網
共第 50 号	御宿岩和田漁業協同組合	ひらめ固定式さし網・こち固定式さし網
共第 52 号	夷隅東部漁業協同組合	ひらめ固定式さし網
共第 60 号	海匝漁業協同組合	雑魚固定式さし網
共第 62 号	銚子市漁業協同組合	雑魚固定式さし網
茨共第 17 号	那珂湊漁業協同組合・大洗町漁業協同組合・鹿島灘漁業協同組合・はさき漁業協同組合・銚子市漁業協同組合	雑魚建て網漁業 （雑魚固定式さし網）

②すだて漁業（第２種共同漁業）

漁業権番号	漁業権者	漁業種類
共第２号	牛込漁業協同組合	雑魚すだて
共第３号	金田漁業協同組合	雑魚すだて
共第４号	久津間漁業協同組合・江川漁業協同組合	雑魚すだて
共第５号	木更津市中里漁業協同組合	雑魚すだて
共第６号	木更津漁業協同組合	雑魚すだて
共第８号	富津漁業協同組合	雑魚すだて
共第９号	新富津漁業協同組合	雑魚すだて

表3．千葉県の第1種共同漁業権の内容一覧（一部抜粋）

対象種	新勝浦市勝浦	御宿岩和田	夷隅東部	九十九里	九十九里	海匝		海匝銚子市	銚子市
	共47	共49	共51	共53	共54～58	共59	共60	共61	共62
おごのり									
かじめ	○	○	○					○	○
てんぐさ	○	○	○					○	○
つのまた	○	○	○					○	○
わかめ	○	○	○					○	○
ひじき	○	○	○					○	○
はばのり	○								
いわのり	○	○	○					○	○
とさかのり									
おにくさ								○	○
とりあし	○	○	○						
どらくさ								○	○
ほんだわら	○								
あおのり	○								
ふのり								○	○
もがい									
かき			○			○	○	○	○
はまぐり				○	○	○			
あさり									
ばかがい									
しおふき									
おおのがい									
みるくい									
あかがい									
こたまがい				○	○	○			
うばがい						○			○
たいらぎ									
なみがい									
ほんびのすがい									
にし									
つめたがい									
ばい									
あわび	○	○	○					○	○
とこぶし	○	○	○						
さざえ	○	○	○					○	○
ばていら	○	○							
だんべいきさご				○	○	○			
いせえび	○	○	○	○			○	○	○
うに	○								
なまこ	○								
たこ	○							○	○
えむし	○	○	○						

■漁業権免許の固定度

大雑把に言いますと、共同漁業権、つまり普通の船を使って魚を獲る漁業は、大体範囲が固定的です。海の中に1回、共同漁業権の範囲が設定されると、それを拡大するのは、沖合漁業との関係、あるいは隣り合った漁協との関係で非常に難しいのです。しかし、先ほど説明したような内容物の変化、例えば前はサザエが入っていなかったが、最近はサザエが一杯採れるようになったので、これを他の人たちには採らせないように漁業権の内容物に加えるといった変化はかなりあります。

この共同漁業権が面積的には漁業権の大半をしめており、日本全国に漁業権があると言われるような場合の通常の意味での漁業権に該当します。明治漁業法の段階で、基本的には全部の海岸線に地先専用漁業権が設定されましたので、その後、漁業権消滅措置がとられたところ以外は、基本的にすべての沿岸域に共同漁業権は存在しています。

漁協の正組合員は20名以上必要だと法定されていますので、それ未満になると漁協は消滅しますが、現在そういう漁協が少しずつ出てきています。その場合には、隣接の漁協にその漁協権の免許が預けられるといいますか、渡されて、漁業者も隣接の漁協に加入するというのが、通常の形です。これは法律的に決められているのではなく、このような形にすると、通常は漁業権が従来どおり使えるので、そのように措置されることが普通になっています。

次に、養殖業をするための区画漁業権ですが、戦後の沿岸漁業の一番大きな変化は養殖業がどんどん発達をしてきたことです。戦後直後は区画漁業権は少なかったのですが、どんどん区画漁場が拡大してきたのが、沿岸漁場の変化の最大の特徴になります。しかし、沿岸漁業の中で養殖業が拡張してくるという動きが、大体１９９０年代から２０００年ぐらいにかけてとまり、部分的に過剰生産があらわれてきたということで、現時点では区画漁業権が縮小の方向に動き始めています。

定置網の定置漁業権の場合にはしばしば変更があります。５年ごとの漁業権の切り替えの際に、定置網の漁場をもっと効率的に使えるように、魚が入りそうな場所に網を動かしたり、４つぐらいの小さい網を1つの大きな網に統合したりします。他にも、共同漁業権の対象であった小型定置網を大型定置網に変えたり、夏だけの権利しかない網を一年中の網にしたり、といった変更はしばしばあります。こういった変化をみることによって、その地域の漁業者間の社会的な関係がどのように動いてきたかということを知ることができるわけです。

■漁業生産力の発展と漁業権

農業がそうであるように、沿岸漁業も、マーケットの変化、つまりどの魚がよく売れて、いい値段が出るかということに応じて、漁業者は漁業種類を柔軟に転換させてきました。漁業種類の転換というのは、共同漁業権を区画漁業権に変えるということもありますし、あるいは共同漁業権や区画漁業権の内容物を、ブリだけだったものをブリとタイに変える、雑魚に変えるといった変化もあります。

そういう点で、漁業種類の大きな変化が漁業権と関連づけながら進んできました。その中で最も目立った動きが、養殖漁場の拡張やホタテ貝、アサリ、ハマグリなどの地まき漁場の拡大です。それと、定置網が効率的な経営になるように統合や場所の移動を行ってきたといったこともあります。

この場合に、養殖漁業が発達するということは、区画漁業権が増えて、その分共同漁業権が失われるということになりますから、マイナスを負う共同漁業権を利用していた人たちが、「了解しました」という印鑑を押して、県庁に提出しないと、申請が受け入れられない慣行になっています。

この場合、漁協のなかで問題になる権利が完結している場合には、ほとんど漁協が調整役を果たしています。例えば、漁協のなかで、今度はブリ養殖の生簀をたくさん増やしたいということになると、養殖を新たにやりたいという人が出てきて、漁協がその人たちの意向を受けます。そして、その漁場で刺網をやっていた人たちに、「今度はここの漁場は刺網ができなくなります。ついては、あなたも養殖業に入れてあげるから、ここを養殖漁場にすることに反対しないでくれ」、あるいは「共同漁業権で魚を獲る人の半分が養殖業に移るので、あなたが使用できる刺網の反数は5割増やしてよい（だから漁業権の変更を納得してくれ）」といった形で、漁協の中で大きな不公平が起こらないように調整します。これは仲間内のことなので、利害関係者が漁協のなかで完結している場合には、漁協が了解をすれば、漁場の転換は極めて速やかに進みます。

漁協の内発的な行動原理は、地先の漁場から獲れる魚の金額を一番多くするというものです。つまり、魚の金額に比例して、販売事業手数料という形で漁協の収入になりますし、魚を獲っているだけよりも養殖業を加えたほうが地区内の総水揚額が上がるという場合が通例だったので、そういう場合には、漁協は漁業者からスムーズに同意を取りつけることができました。

それに対して、損失を受ける人、あるいは得をする人、それぞれが漁協の内外に分かれていることがあります。例えば、真珠養殖漁場を増やしたいという申請が出て、真珠業者は漁協の組合員ではなく、漁船漁業で漁場を失うのは漁協の組合員という場合には、なかなか話がまとまりません。最終的には漁業権の変更ができないか、お金のやり取りによって予想される漁業者の損失がカバーされるかということになりますが、なかなかまとまらないので、マーケットの変化に応じた漁場の変化がスムーズには進みません。本来はタダのはずの漁業権を得るために、一定の金銭が必要になるというような事態も生じるのです。

　戦後の養殖業の急発展は、基本的には漁協の中で問題が処理されたので可能だったといえます。それが一番ドラスティックに進行したのが、戦後のノリ養殖漁業（区画漁業権）の発展です。ノリ漁業は１９５０年代までは、いわゆるひび建養殖でした。竹のさおを５ｍくらいの長さにして、海の底に４本差して、四角形の網を横に張るという形です。そうすると、潮が上がったり下がったりして、空気の供給と水の供給が進んでノリは育ちます。東京湾などは、遠浅の海岸地帯の部分が全部ノリ漁場だったのです。

　それが、１９６０年代に入りますと、ノリの技術が飛躍的に発展して、その養殖の網を張るのが、竹を差すというのではなく、フローティング（浮流し）になります。これはブイ（浮標）を四隅に置いて、そこから錨を四隅に降ろして、流れないように固定しますが、波の上下に応じて動きます。これが１９６０年代半ばからノリ養殖で行われるようになります。この結果、ノリ漁場は遠浅である必要はなくなり、水深に関係なく養殖できるようになったのです。結果として、東京湾や有明海が中心であったノリの生産が、遠浅がほとんどない瀬戸内海の兵庫県が１位になります（現在も１位）。

　いくら沖に出しても技術的にはできるようになったのです。そこで、県が区画漁業権を沖に出し

明しましたように、沖出し距離をかなり拡張してきた県もありますが、それでも沖合漁業の水揚げが多いというところも多いので、沿岸漁業者との利害調整が確実にできているとは限りません。そのあたりの問題がどのように解決されてきたかということが１つの問題になります。

沖合漁業は戦前から操業している範囲があります。１９０１年の漁業法以来、漁業権漁場と沖合漁業の漁場をはっきり分けました。戦後、基本的にはそのまま漁業法の漁業権の範囲も決まりました。

その時のエンジンは、焼玉エンジンです。なかなかエンジンがかからなくて、ゆっくり出ていくというエンジンです。それ以降、漁船は１９６０年代から70年代にかけて、ＦＲＰ（Fiber Reinforced Plastics の略：強化プラスチック）に変わり、馬力数は急激に上がってきました。現在は漁業権の沖出し距離は一番長くて３㎞ぐらいですから、10分もあれば端まで行ってしまいます。

現在の漁業権の範囲は、１９０１年の漁業権の設定をベースにしています。１９０１年の沿岸漁業はまだ手漕ぎですから、１日で手漕ぎで帰って来られる範囲が、その漁場範囲でした。それは江戸時代の手漕ぎの慣行的な漁場と、範囲としてはほとんど変わりませんでした。それが今日のように高馬力の沿岸漁船に変わっても、漁場範囲は大きくは変化していないので、沿岸漁業者にすれば狭い漁場の中に無理やり閉じ込められているという被害者意識になり、色々な問題が起こってきます。

県の権限によってこのような漁業権漁場の近世的な狭さを打開して、沿岸漁場を沖出しした県もあります。このような沿岸漁業の操業範囲の拡大が進めば、沿岸漁民は豊かになりますから、漁業者の多くはそれを望みました。

これに対して「共同漁業権の漁場の区域は…必要な最小限度の海面を考えるべき」という水産庁長官通達が出されます（漁業法研究会『漁業制度例規集』２０１３年版、２９２頁）。これは、「共同漁業権の漁場を拡張すると沖合漁業との間で色々な問題が生ずるから、なるべくそれを避けよ」という趣旨の通達です。紛争を避けたい行政の立場としては理解可能ですが、水産庁は、従来の漁業権範囲を超えるような拡張はしないようにと言っていることになります。

限界のある漁場範囲の中で通達通りにするとなると、限られた沿岸漁場の中でどうすれば沿岸漁業者の水揚を上げることができるでしょうか。

代替策として採られたのが、１つは、内包的に同じ沿岸漁場の中で面積当たりの生産力を上昇させる、すなわち具体的には漁船漁業を養殖業に転換するというやり方です。もう１つは、沿岸漁業者が沖合漁業の仲間入りをしてしまうという外延的な進出です。つまり、漁業権漁場を超えて、漁

表4．依拠する漁場利用制度別の漁業経営体構成比（2003年）

	総数	主とする漁業制度区分			営んだ漁業制度区分		
		漁業権	知事許可	自由	漁業権	知事許可	自由
全国	100.0	50.0	23.9	24.4	64.3	33.7	37.0
北海道太平洋北区	100.0	80.5	16.9	1.1	92.1	27.9	6.7
太平洋南区	100.0	37.7	13.0	46.2	48.2	18.8	57.2
瀬戸内海区	100.0	30.3	49.8	19.6	40.6	59.7	28.0

出典：「漁業センサス」2003年版
注：「総数」には大臣許可漁業、大臣承認漁業、その他を含むが、3者合計で1.7%に過ぎないので、個々の内訳は省略した。

業権が設定されていないところで漁業をするということです。それは、誰がやってもいい自由漁業をするか、それとも沖合漁場での許可を沿岸漁業者にも与えるという方式です。このプロセスでは、自由漁業にたくさんの船が沿岸から入り込むことによって、ケンカが起こって、県が仕方なしにこの自由漁業を許可漁業（自由にはできない漁業）に変えていく、というような状況も進行していきます。

これが各県の方針と海の状況によってどのように違っているかというのを示したのが、**表4**です。２００８年の漁業センサスからは漁場利用関係については調べなくなってしまったので、今の状態はわかりませんが、２００３年までの変化はわかります。**表4**は、各海区の中にある漁業経営体を１００として、そのうち漁業制度区分ごとの経営体数を調べたものです。

総数１００には沖合漁業、遠洋漁業も含んでいますが、沖合・遠洋漁業は沿岸漁業の数に比べますと、経営体数はずっと少なく、大体96%ぐらいは沿岸漁業です。全国の漁業地区は9つの「大海区」

に区別されますが、そのうち特徴的な3つの大海区を示した表4を見ていただくと、地域によって漁業の制度的構成に非常に大きな差があることがわかります。横軸（表頭）に書いてある「主とする漁業制度区分」というのは、1隻1隻に、主として操業しているのが漁業権漁業か、許可漁業か、自由漁業かを答えてもらったものです。それから、「営んだ」というのは、少しでも営んだ漁業（漁業権漁業、許可漁業、自由漁業）を複数回答してもらった結果です。

これによりますと、北海道の太平洋北区の場合は、「主とする漁業制度区分」で漁業権漁業が80・5％、「営んだ」でそれが92・1％になっています。これは沿岸漁業の経営体のほぼ100％が漁業権漁業をし、そのうちの8割以上が漁業権漁業を主としていることを示しています。

これに対して太平洋南区（三重・和歌山以南、鹿児島・沖縄までのところ）ですが、ここでは自由漁業の比重が高いです。漁業権も「主とする」と「営んだ」の両方を見ますと3〜5割ありますが、どちらも一番多いのは自由漁業です。これは、例えばタチウオ釣りやマグロの曳縄など、そういった類の自由漁業がここでは広い漁場を使って操業しているからです。

瀬戸内海区の場合には、知事許可漁業が「主とする」で約5割、「営んだ」で約6割となっています。これは、瀬戸内海の主要漁業である小型底曳網漁業が制度上、知事許可漁業に含まれているからです。

沿岸漁業は漁業権にもとづいて営まれていると一般的には言われますが、各県の方針と海の状況、生産力の歴史性によってかなり異なっていることがわかります。以上が、県が漁業権を免許するに際して発生する様々な問題の一端です。

■組合免許漁業権の組合員の行使権をめぐる諸問題——漁協内の問題

次に、漁協が免許を県知事から受けた場合に、これを組合員にどうやって分けていくかという問題です。

まず、水産庁の指導方針です。水産庁はこの問題をどう指導したかというと、「トラブルが起こらないように漁協が処理してください」というのが原則になります。

１９６２年の漁業法改正までは、正組合員は組合が免許された漁業権を平等に行使できるという規定がありました。法律上は組合に免許された漁業権（区画漁業権も含む）は、等しく組合員が利用できるという規定になっていたのです。しかし、例えば養殖漁場の区画漁業権が限られた面積しか与えられていなかった場合、全員が希望するだけはできません。誰がやれて誰がやれないか、生簀を10個やりたいが実際には5個しか許されない等のことはすべて、漁協の中で決めざるをえませんでした。法的根拠はありませんが、現実の漁場は限られていますので、話し合って「私は申請は

5年先まで待ちましょう」「私は少ない生簀で我慢しましょう」という合意を漁協が取りつけて、行政に依存することなく責任を果たしていたのです。

それでは漁協が大変だし、いろいろな問題も表面化してきたというので、1962年に水協法と漁業法が改正されて、漁業を営む権利を有する者の資格、つまり誰がどの漁業を営めるかという原則は、漁協が漁業権行使規則に書いて、その規則の認可を県から受ける方式が採用されます。こうして法的裏付けを得た漁業権行使規則に基づいて、漁協が責任を持って選別することになりました。「どの漁業権を誰が使う」「どの区画漁業は誰が何個使う」ということを権限をもって決めることになったのです。これは、実態は継続していますが、法的な根拠を整えて、従来の漁協が法的根拠なしに結論を出していた状態を改善したわけです。

漁場範囲が非常に広くて、全員が希望どおり使っても問題がない、十分な漁場のキャパシティがあるならば、何も制限する必要がないので単純です。しかし、大部分のところ、特に養殖業においては行使希望者の希望する漁場の総和が漁場のキャパシティを超えているところが大部分です。その場合に誰に行使させて、誰にどれだけ我慢してもらうのかということを決める規則と決め方が問題になります。ここには法律や水産庁規則は直接には一切関与していませんので、漁協の中で漁業権行使規則に書かれた原則を上手に利用しつつ、人間関係にもとづいた話し合いを通して全員の納得を得ていくことになります。

水産庁は通達によって、漁業権行使規則に定めて良い格差づけの基準を示しています。その文書によると、性別等による差別は憲法上、禁止されていますので、基本的な人権に関わるような差別をしてはいけないということを明示しています。それに対して、漁業に関わる内容で格差づけをすることは許されると通達にはあります。組合員の年齢、当該漁業の経験年数、保有している労力、そのようなことで大小の差別をすることは合法的だということです。その上で漁業権行使規則の案文を示しています。各漁協は自分のところの実態に合わせてそれを修正した規則をもっているのです。

■漁協の漁業権行使の決定方式

そこで、漁協の漁業権行使の決定方式がどのようになされているかという実情について見てみましょう。

漁業権の切り替えは、区画漁業、定置漁業については5年に一度、共同漁業権については10年に一度です。しかし、漁協の中で誰がどの漁業権をどれだけ使うかという見直しは、漁協単位で基本的には毎年実施するというところが多いようです。これは法的な根拠はありませんので、毎年のところもあるし、2年に1回のところもあるし、5年に1回のところもありますが、毎年見直すところが普通と言っていいかと思います。5年ごとの切り替えのときには、全体の漁業権が変わりますので、大規模な変更が可能になります。

場所の移動を必要とするもの（例えば養殖業、小型定置）の場合には、「私はここを使いたい」という位置の問題があります。この位置を定めるのは養殖業や小型定置の場合は重要なことで、漁協がどのような方針をとるかによって違いが出ます。基本的には、所有権よりも利用権の方が強かった時代の田んぼの配分方式と同じで、危険を分散するために何か所かごとに少しずつ自分が使うところを分散させるという方法をとります。それから何年かに1回ずつ割替えを行って回していくという方法も採用されます。養殖漁場の場合には、潮の流れの良し悪しがあり、漁場の周辺部分は水の流れが良いので、酸素がたくさん入って物が育ちやすい。そういう良い場所がひとつの経営体に集中しないように、いろいろ割替えを行なうところが多いのです。そういう点で漁業権の行使が漁協単位で色々違ってきます。

それでは具体的にはどのような考え方に基づいて、個々の組合員の行使できる漁業権が決まるのでしょうか。どの漁協でも共通して判断を迫られるいくつかの原則、その応用事例に触れながら説明してみます。

漁業権の行使方法を漁協が決定する際の重要な原理あるいは傾向としてはいくつかの特徴を指摘できます。ここでは特に念頭におくべき4つの点として、①慣行の尊重、②実態に即した応用型の平等主義、③各漁家の意欲の尊重（経済合理性への配慮）、④集落主権への配慮、について説明します。

■慣行の尊重

アワビやサザエなど地元に定着してほとんど動かない資源は通常、第1種共同漁業権の対象であり、地元の漁協の組合員が漁獲できます。しかし実際に漁獲できる人が組合員全員であるのか、あるいはどのような漁法でも自分が好む方法で採って良いのかといえばそうではありません。

ある漁協は組合員全員が採って良いけれど、採り過ぎて資源がなくならないように年間の採取可能日を数日間に定め、漁法も能率の上がらない「見突き」（船の上から箱眼鏡で海中を覗き、長い竿を操作して採取する）に限定しています。他の漁協では海女・海士をほぼ専業とする人達やその人達の組織である採鮑組合だけに漁獲を許し、漁法も裸潜り（アクアラングを用いない）だけに限定して海中滞在時間を短くして資源を守るようにしています。

他方、組合員一般には採ることを禁止して、特定の業者や漁協だけが権利を行使でき、装備を整えた潜水者に船上から空気を送って長時間操業させるという最も効率的な漁法によって、漁獲サイズ以上の資源を効率的に採取し、業者・漁協の儲けの相当部分を漁協の利益として回収し、最終的には組合員に配分するという方式もあります。

このような大きな違いが漁協間・地域間に存在している理由は、地域ごとの海洋特性にもよりますが、主として歴史的慣行の違いによるといえます。制度的には漁業権行使規則に関する組合の総会の決定でこうした方式を変更することが自由にできますが、いったん決まった規則は期待権を生むこともあり、長く継続する傾向が強いといえます。

■実態に即した応用型の平等主義

漁協の組合員は出資金額に関わりなく一人一票の議決権を持つ平等な漁協構成員ですから、漁業権行使についても組合員間の平等主義が基本になります。しかし機械的な平等主義がいつも可能で合理的かというと、そのようには意識されておらず、漁家ごとの主体的な条件などを考慮して応用型の平等主義が漁場行使権配分の基準になっていると判断されます。

この点をハマチ養殖の漁場が新たに１００生簀設定されることが決まり、20人の漁業者がその配分を申請し、損益分岐点が10生簀であるという場合で考えてみましょう。

第一の方式は機械的な平等主義であり、20人に5生簀ずつ配分する方式です。損益分岐点は10生簀ですからどの経営体も利益を上げることができませんが、そこは各自の判断・工夫に任せて漁協は関与しない方式です。

第二の方式は経営が成り立つことを重視して一人10生簀配分することとし、したがって何らかの方式で20人の申請者の中から不公平でない方法で10人を選び出すやり方です。具体的には籤引きによる事例が多く、この籤引きで生簀を得られた人は他の漁業権の籤引きには参加できず、これに落ちた人は他の漁業権の籤引きに参加できるという仕組みで、漁協がもつ漁業権全体の中で平等主義のつじつまをあわせようとする方式です。

第三の方式は保有労働力や生活費の必要額などを考慮して、例えば親子二世代の漁家には15台、後継者のいない壮年の漁家には10台、高齢者で年金を受け取っている漁家には5台というような格差をつけて配分する方式です。機械的な平等主義が持っている問題性を、皆が納得できるわかりやすい要因に則して修正した応用型の平等主義といって良いでしょう。

第四の方式は、実際の事例は多くはありませんが、経済的な合理性を重視した配分方法です。その一例は、組合員が漁協に支払う生簀を使用する漁場行使料を操作する方法です。通常は1台1万円に設定されている行使料を10万円に上げれば利益の少ない漁業者は申請を取り下げざるを得ないので、申請者数は減ります。結果的に養殖業経営に熱心で成績の良い組合員に生簀が配分される可能性が期待できる方式です。この方式の行き着く先は生簀の入札制になり、高い行使料を払った者が権利を得ることになります。これは一見すれば不平等ですが、漁場行使料という代価をそれだけ払っている点で不平等性を平等な方向に修正していると解釈できます。この方式は一面で漁場が多額の利益を上げる組合員に集中され、経営が効率化されるという経済合理的な効果を持つ半面で、資金力の差によって漁場独占が生じかねないという社会的な問題点を生む可能性があり、推奨されている方法ではありませんが、漁場行使料の決定の際にこうした経済計算がマイルドな範囲ではあれ、なされていることは事実です。

このように、限られた漁場を権利において平等な組合員の間に配分していく方式は、組合員間に納得可能な応用型の平等主義を案出していく努力を必要としており、各漁協はそれぞれ固有の方式でこの課題を解決することによって、今日の地域漁業を形作ってきたといえます。

■各漁家の意欲の尊重と経済合理性への配慮

漁協は組合員の漁獲高が少しでも増えることを望みます。それは組合員自身のためでもありますが、漁協の収益の大半が漁協市場の販売手数料から得られている現状では、漁協の経営を改善し、農協に大きく水をあけられている職員の給与を少しでも高めるためにも必要だからです。

そのためには漁協の中で漁業経営に強い意欲を持ち、勤勉で創意工夫に富み、水揚金額の高い人に漁業権を優先的に配分し、高い水揚を上げてもらおうとする傾向があります。しかし平等な組合員をあからさまに差別的に扱うことはできませんから、漁協全体の経営を良くし、組合員のための事業を積極的に展開できるように、漁業権を運用する努力をします。

例えば簡易な労働で操業できる代わりに水揚金額の少ない漁業の漁業権は高齢者に集中させ、労働強度が強く、労働時間も長い代わりに水揚金額の多い漁業の漁業権は壮年の組合員や後継者を得た組合員に行使させるといった原則が採用される場合があります。こうした方向への誘導は漁協が机上で設計して行うのではなく、意欲ある若年・壮年の漁業者の要望を尊重して、漁協がその方向に組合員の意思を誘導していく努力を通じて実現していきます。

■集落主権への配慮

漁業法によれば漁業権行使のあり方は漁業権行使規則に基づいて漁協が決定するのですが、それは形式的なものであって、実質的には漁協内の各集落が集落の自治に基づいて決定している場合があります。

各集落の目の前に養殖漁場（区画漁業権）がある場合に、集落内の養殖漁業者が全員集まって生簀の増減や位置の移動を決め、漁協内の漁業権行使委員会・理事会は形式的にそれを追認するという事例です。同一の漁協内でも各集落が入り江ごとに離れて存在し、集落の自律性が強くならざるをえない三陸地方の漁協などではこうした状況が今日でも一般的です。

これに対して昔から集落間の行き来が容易であり、集落間の居住地の移動も頻繁であったような平地の漁村では集落の自律性を認めず、一つの集落で漁場に余裕が出れば、漁場が不足気味の他の集落の組合員がそれを利用する措置が漁協のイニシアティブの下で実行されています。漁場を有効に利用するという点では、こうした広域的な利用秩序の方が合理的であることは明らかです。

しかし先に述べた事情で１９８０年代以降強化されてきた漁協合併政策の結果、合併しても漁業権については従来通りとするという内容の漁業法改正がなされた結果、１つの漁協の中に旧漁協の自律性が存在し、「旧漁協内の集落の自律性↓旧漁協の自律性↓現漁協の法的一体性」という重層的で複雑な意思決定が尊重されざるをえなくなっているという状況もあります。

こうした集落の自律性は固定的なものではなく、沿岸漁業者の減少にともなって急速に変化しつつあると観察されますが、現時点ではこの点を念頭におかなければ合理的な解釈ができない漁場利用の実際も少なくありません。

以上のように、地域の実情に応じたいろいろなやり方があります。こうした具体的事情への万全な対処策は法律にはもちろん書ききれませんし、行政があれこれ言う能力もありません。しかし、経営にとってはこの点が大変重要です。後継者を確保できるかどうかというのは、1人当たりの労働力で配分されている漁業権と、後継者が入ったときにどれだけ追加所得が得られる漁業権が対応して与えられるかということに大いに関わっていますので、漁業権のあり方を検討する際には非常に重要な問題といえます。

■漁業権の消滅補償

漁業権の運用実態をめぐる係争事案として、漁業権の消滅補償の問題があります。漁業権が社会一般の理解が得られにくいのは、この漁業権補償が漁業者の「ごね得」だと見られてしまい、甚だ評判が悪いことに由来しているように思われます。この点で漁業権と漁業補償の関係について明らかにしておく必要があります。

1つ目は、埋め立てなどのときに漁業権を消滅させる際に「漁業権補償」と呼ばれることがありますが、その補償は決して漁業権に対してのみなされているのではありません。自由漁業も許可漁業も漁業権漁業も全く同じように、失った所得に対して補償が行われるのであって、漁業権があるから補償が行われるということではないのです。つまり、営業をしていて、その営業がマイナスを被ったから補償が行われるのであって、漁業権があろうと、なかろうと、補償が必要なのです。

２つ目は、補償が不当に高い場合があるとすれば、払うほうが悪いと私には思えます。つまり、支払い決定者が水揚高の証拠もないのに払うことが悪いのであって、それを払うことを決めた人間が開発会社に損を与えたという意味で背任罪で摘発されるようになれば、不当な事案はなくなるはずです（今の刑法で当然に摘発されてしかるべきものです）。

具体的には、水揚の証拠、売上伝票がないのに、埋め立て計画が起こると、「俺は漁協には出荷していないけど、漁業をやっていたんだ」という人が必ずあらわれます。早く埋め立てて、開発をやりたいので、開発会社はこういう「にわか漁業者」に漁業補償をしてしまいます。専業的な漁業者は売上伝票を持っていますので、その売上伝票に即して補償が与えられます。この結果、一方で「にわか漁業者」に対しては非常に高い補償金になり、一生、漁場を失う専業者にとっては非常に低い補償金になるという問題が生じてきます。したがって、専業的な漁業者は補償金は最小限にする代わりに、必要最小限の開発に縮小して漁場を広く残すほうが、はるかに良いと考えられます。海洋開発は抑制し、補償金はなるべく払わない・受け取らない方式に誘導する方向で、改善が図られるべきだと考えます。

■最後に

以上、３部にわたって漁業法の説明をさせていただきました。最後に言い訳ですが、漁業権のいわば骨組だけを、私の独断で選択して説明しましたので、扱わなかった問題も多くあります。たとえば、他の地区の漁業権の中に入って漁業を営める入漁権という権利にはふれていません。また、やや理屈に偏する問題として漁業権の物権性の意味、第一種共同漁業権をめぐる総有説と社員権説の違いなどがあります。こうした問題については、現実の漁業権を理解するには差し当たりあまり必要ないと考えて触れていませんが、こうした事典的な項目は既存の解説本やWikipedia風の記事によっても、無理なく理解していただけるはずです。

通常、漁業権の説明本は、基本的には法文の説明です。それでは漁業権の利用の実態はわからないし、法律・行政が一切関わらない意思をはっきり示している部分に、漁業経営に非常に強くかかわる部分がありますので、そういう点に注意を払っていただきたいという意味もあって、運用面の説明を少し重視しました。

漁業権制度の説明本は、大体その一時点の制度がこうなっているという説明なので、ロジックがほとんど浮かんできません。漁業権は歴史性を負った権利であり、可変的なものです。それは問題が顕在化し、新たに認識された場合に関係者の認識が変化し、新たな制度に結実してゆく可能性を有しているということです。そういう意味で漁業権のあるべき姿については、漁業、水産に関心のある者として、しっかり勉強し、いろいろな柔軟な案を構想していかなければいけないと思っております。本書を通じて多少でも漁業権、漁場利用の論理に興味をもっていただける方がおられればたいへん有難いことであり、今後の漁業権のあり方について共に検討し合えることを期待しております。

参考文献

水産庁経済課編『漁業制度の改革』日本経済新聞社、1950年4月。

漁業基本対策史料刊行委員会編『漁業基本対策史料』水産庁発行、第一〜第三巻、1963年9月〜1966年3月。

漁業経済学会『漁業経済研究』第26巻・27巻・28巻の各1・2合併号、1981年3月、1982年4月、1983年6月（大会シンポジウム特集「漁場利用の経済的諸問題」関係報告掲載）。

東京水産振興会『日本漁業の再編成――沿岸・沖合漁業における漁場・漁業管理に関する研究』Part1〜Part3、1984年9月〜1987年1月。

青塚繁志『日本漁業法史』北斗書房、2000年9月。

漁業法研究会編『漁業制度例規集』改訂3版、2013年4月。

漁協組織研究会『水協法・漁業法の解説』漁協経営センター、2013年11月。

加瀬　和俊（かせ　かずとし）

著者略歴
1949年千葉県生まれ
東京大学経済学部卒業
同大学院経済学研究科博士課程中退
東京水産大学助教授
東京大学社会科学研究所助教授、教授、現在に至る。
主要著書
・『沿岸漁業の担い手と後継者―就業構造の現状と展望―』成山堂書店（1988年）
・『集団就職の時代―高度成長のにない手たち―』青木書店（1997年）
・『失業と救済の近代史』吉川弘文館（2011年）

一般財団法人　農村金融研究会

当会は昭和20年、農林水産業に関する調査研究を行う公益財団法人として設立され、平成24年、公益法人制度改革に伴い一般財団法人（非営利法人）に移行した。

農水省、地方公共団体、農林漁業系統団体、農林漁業信用基金、農水産業協同組合貯金保険機構、その他関連団体等からの委託に加え、自主的な調査研究を行っている。

農山漁村を訪問してのヒアリング調査、各種アンケート調査等により、現場の声を反映した調査を心掛けており、調査結果の一部は広くＨＰ等により公開している。近年においては、被災地の復興調査、漁業者の高齢化問題、農村における女性の役割の調査等に取り組んでいる。

ＨＰアドレス：http://rural.or.jp/

3時間でわかる漁業権

定価はカバーに表示してあります

2014年11月7日　第1版第1刷発行
2016年8月14日　第1版第2刷発行

著　者　　加瀬和俊
企　画　　一般財団法人　農村金融研究会
発行者　　鶴見治彦
発行所　　筑波書房
東京都新宿区神楽坂2-19　銀鈴会館　〒162-0825
電話03（3267）8599　www.tsukuba-shobo.co.jp

印刷/製本　平河工業社
ISBN978-4-8119-0452-8 C3062